电网企业员工安全等级培训系列教材

第二版

配电运检

国网浙江省电力有限公司　组编

中国电力出版社
CHINA ELECTRIC POWER PRESS

内 容 提 要

本书是"电网企业员工安全等级培训系列教材（第二版）"中的《配电运检》分册，全书共七章，包括配电运检专业的基本安全要求、保证安全的组织措施和技术措施、作业项目安全风险管控、隐患排查治理、生产现场的安全设施、典型违章举例与事故案例分析、班组安全管理等内容，附录中给出了现场标准化作业指导书（卡）范例和现场应急处置方案范例。

本书是电网企业员工安全等级培训配电运检专业的专用教材，可作为配电运检岗位人员安全培训的辅助教材，宜采用《公共安全知识》分册加本专业分册配套使用的形式开展学习培训。

本书可供从事配电运检工作的专业技术人员和新员工安全等级培训使用。

图书在版编目（CIP）数据

配电运检/国网浙江省电力有限公司组编. —2 版. —北京：中国电力出版社，2022.1
（2025.5 重印）
电网企业员工安全等级培训系列教材
ISBN 978-7-5198-6421-7

Ⅰ. ①配⋯ Ⅱ. ①国⋯ Ⅲ. ①配电系统–电力系统运行–技术培训–教材②配电系统–检修–技术培训–教材 Ⅳ. ①TM727

中国版本图书馆 CIP 数据核字（2022）第 005664 号

出版发行：中国电力出版社
地　　址：北京市东城区北京站西街 19 号（邮政编码 100005）
网　　址：http://www.cepp.sgcc.com.cn
责任编辑：穆智勇（zhiyong-mu@sgcc.com.cn）
责任校对：黄　蓓　于　维
装帧设计：赵姗姗
责任印制：石　雷
印　　刷：廊坊市文峰档案印务有限公司
版　　次：2016 年 6 月第一版　2022 年 1 月第二版
印　　次：2025 年 5 月北京第十四次印刷
开　　本：710 毫米×1000 毫米　16 开本
印　　张：10.5
字　　数：170 千字
印　　数：15501—16500 册
定　　价：55.00 元

编写委员会

主　任　王凯军

副主任　吴　哲　盛　晔　朱维政　顾天雄　吴剑凌

　　　　王　权　翁舟波

成　员　徐　冲　倪相生　黄文涛　周　辉　王建莉

　　　　高　祺　杨　扬　吴志敏　陈　蕾　叶代亮

　　　　何成彬　于　军　潘王新　黄晓波　黄晓明

　　　　金国亮　徐冬生　魏伟明　汪　滔　戴招响

　　　　吴宏坚　吴　忠　李有春　贺伟军　王　艇

　　　　王　劼　汤亿则　林立波　卢伟军　张国英

本册编写人员

阮　祥　倪　展　开未平　戴云飞　童继明　倪相生

叶　轩　刘亮泽　黄军山

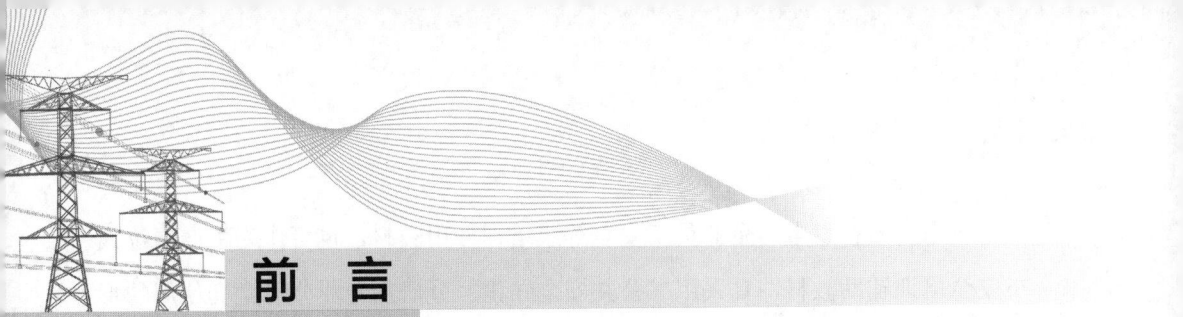

前　言

为贯彻落实国家安全生产法律法规（特别是新《安全生产法》）和国家电网有限公司关于安全生产的有关规定，适应安全教育培训工作的新形势和新要求，进一步提高电网企业生产岗位人员的安全技术水平，推进生产岗位人员安全等级培训和认证工作，国网浙江省电力有限公司在 2016 年出版的"电网企业员工安全技术等级培训系列教材"的基础上组织修编，形成"电网企业员工安全等级培训系列教材（第二版）"。

2025 年，为深入贯彻落实"安全第一、预防为主、综合治理"方针，实现新业务新业态安全的"可控、能控、在控"，提高对新业务安全风险的识别和预警防范能力，夯实企业安全生产管理基础，达到控制安全隐患、降低安全风险，预防、避免事故发生的目的。国网浙江省电力有限公司特组织增编有关新业务的专业分册。

"电网企业员工安全等级培训系列教材"现包括《公共安全知识》分册和《变电检修》《电气试验》《变电运维》《输电线路》《输电线路带电作业》《继电保护》《电网调控》《自动化》《电力通信》《配电运检》《电力电缆》《配电带电作业》《电力营销》《变电一次安装》《变电二次安装》《线路架设》《电力检测》《新能源业务》《信息运维检修》等专业分册。《公共安全知识》分册内容包括安全生产法律法规知识、安全生产管理知识、现场作业安全、作业工器（机）具知识、通用安全知识五个部分；各专业分册包括相应专业的基本安全要求、保证安全的组织措施和技术措施、作业项目安全风险管控、隐患排查治理、生产现场的安全设施、典型违章举例与事故案例分析、班组安全管理七个部分。

本系列教材为电网企业员工安全等级培训专用教材，也可作为生产岗位人员安全培训辅助教材，宜采用《公共安全知识》分册加专业分册配套使用的形式开展学习培训。

鉴于编者水平所限，不足之处在所难免，敬请读者批评指正。

编　者

2025 年 5 月

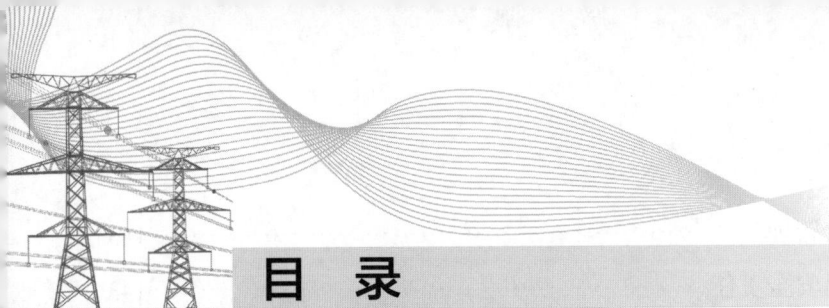

目 录

前言

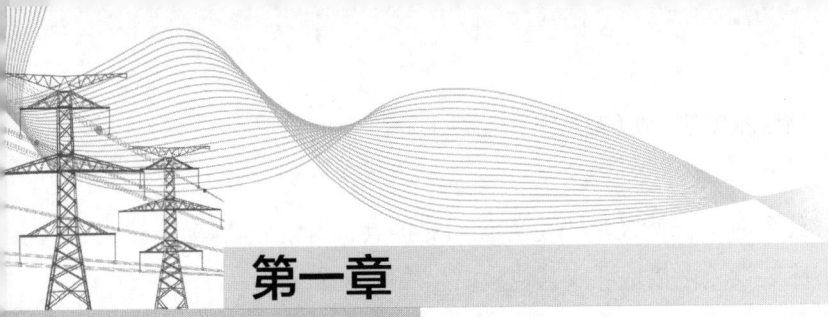

第一章

基 本 安 全 要 求

第一节 一般安全要求

一、配电作业基本条件

1. 作业人员

（1）经医师鉴定，无妨碍工作的病症（体格检查每两年至少一次）。

（2）具备必要的安全生产知识，学会紧急救护法，特别要学会触电急救。

（3）接受相应的安全生产知识教育和岗位技能培训，掌握配电作业必备的电气知识和业务技能，并按工作性质，熟悉《国家电网公司电力安全工作规程（配电部分）（试行）》（又称《配电安规》）的相关部分，经考试合格后上岗。

（4）作业人员对《配电安规》应每年考试一次。因故间断电气工作连续 3 个月及以上者，应重新学习《配电安规》，并经考试合格后，方可恢复工作。

（5）新参加电气工作的人员、实习人员和临时参加劳动的人员（管理人员、非全日制用工等），应经过安全生产知识教育后，方可下现场参加指定的工作，并且不得单独工作。

（6）参与公司系统所承担电气工作的外单位或外来人员应熟悉《配电安规》；经考试合格，并经设备运维管理单位认可后，方可参加工作。

（7）进入作业现场应正确佩戴安全帽，现场作业人员还应穿全棉长袖工作服、绝缘鞋。

2. 配电线路和设备

（1）在多电源和有自备电源的用户线路的高压系统接入点，应有明显断开点。

（2）在绝缘导线所有电源侧及适当位置（如支接点、耐张杆处等）、柱上变压器高压引线，应装设验电接地环或其他验电、接地装置。

（3）高压配电站、开闭所、箱式变电站、环网柜等高压配电设备应有防误操作闭锁装置。

（4）柜式配电设备的母线侧封板应使用专用螺钉和工具，专用工具应妥善保存，柜内有电时禁止开启。

（5）封闭式高压配电设备的进线电源侧和出线线路侧应装设带电显示装置。

（6）配电设备的操作机构上应有中文操作说明和状态指示。

（7）配电设备的接地电阻应合格。

（8）环网柜、电缆分支箱等箱式配电设备宜装设验电、接地装置。

（9）柱上断路器应有分、合位置的机械指示。

（10）封闭式组合电器的引出电缆备用孔或母线的终端备用孔应用专用器具封闭。

（11）待用间隔（已接上母线的备用间隔）应有名称、编号，并纳入调度控制中心（调控中心）管辖范围。其隔离开关操作手柄、网门应能加锁。

（12）高压手车开关拉出后，隔离挡板应可靠封闭。

（13）安装基础高度应高于当地 30 年一遇的最高洪水位。

3. 作业现场

（1）作业现场的生产条件和安全设施等应符合有关标准、规范的要求，作业人员的劳动防护用品应合格、齐备。

（2）经常有人工作的场所及施工车辆上宜配备急救箱，用于存放急救用品，并指定专人经常检查、补充或更换。

（3）地下配电站宜装设通风、排水装置，配备足够数量的消防器材或安装自动灭火系统。过道和楼梯处应设逃生指示和应急照明等。

（4）装有 SF_6 设备的配电站应装设强力通风装置，风口应设置在室内底部，其电源开关应装设在门外。

（5）配电站、开闭所、箱式变电站的门应朝向外开。

（6）配电站、开闭所户外高压配电线路、设备的裸露部分在跨越人行过道或作业区时，若 10kV、20kV 导电部分的对地高度分别小于 2.7m、2.8m，则该裸露部分的底部和两侧应装设护网。户内高压配电设备的裸露导电部分的对地高度小于 2.5m 时，该裸露部分的底部和两侧应装设护网。

（7）配电站、开闭所户外高压配电线路、设备所在场所的行车通道上，应根据表 1-1 设置行车安全限高标志。

表 1-1　　车辆（包括装载物）外廓至无遮拦带电部分之间的安全距离

电压等级（kV）	安全距离（m）
10	0.95
20	1.05

（8）室内母线分段部分、母线交叉部分及部分停电检修易误碰有电设备的，应设具有明显标志的永久性隔离挡板（护网）。

（9）配电设备的排列布置应在其前后或两侧留有巡检、操作和逃生的通道。

（10）电缆孔洞，应用防火材料严密封堵。

（11）凡装有攀登装置的杆、塔，在攀登装置上应设置"禁止攀登，高压危险！"标示牌。装设于地面的配电变压器应设有安全围栏，并悬挂"止步，高压危险！"等标示牌。

（12）作业人员进出配电站、开闭所时应随手关门。

（13）作业人员禁止擅自开启直接封闭带电部分的高压配电设备的柜门、箱盖、封板等。

（14）配电站、开闭所的井、坑、孔、洞或沟（槽）的安全设施要求：

1）井、坑、孔、洞或沟（槽）应覆以与地面齐平而坚固的盖板。进行检修作业时，若需将盖板取下，应设临时围栏并设置警示标志，夜间还应设红灯示警。临时打的孔、洞，在施工结束后应恢复原状。

2）所有吊物孔、没有盖板的孔洞、楼梯和平台，应装设不低于 1050mm 高的栏杆和不低于 100mm 高的护板。进行检修作业，若需将栏杆拆除时，应装设临时遮栏，并在检修作业结束时立即将栏杆装回。临时遮栏应由上、下两道横杆及栏杆柱组成。上杆离地高度为 1050~1200mm，下杆离地高度为 500~600mm，并在栏杆下边设置严密固定的高度不低于 180mm 的挡脚板。原有高度为 1000mm 的栏杆可不做改动。

二、运行与维护

（一）巡视

（1）巡视工作应由有配电工作经验的人员担任。单独巡视人员应经运维检修部门批准并公布。

（2）在电缆隧道、偏僻山区、夜间、事故或恶劣天气等进行巡视工作，应至少两人一组。

（3）正常巡视，应穿绝缘鞋；雨雪、大风天气或事故巡线，巡视人员应穿绝缘靴或绝缘鞋；汛期、暑天、雪天等恶劣天气和山区巡线，应配备必要的防护用具、自救器具和药品；夜间巡线，应携带足够的照明用具。

（4）大风天气巡线，应沿线路上风侧前进，以免触及断落的导线；事故巡视，应始终认为线路带电，保持安全距离；夜间巡线，应沿线路外侧进行。巡线时禁止泅渡。

（5）雷电时，禁止巡线。

（6）地震、台风、洪水、泥石流等灾害发生时，禁止巡视灾害现场。

（7）灾害发生后，若需对配电线路、设备进行巡视，应得到设备运维管理单位批准。巡视人员与派出部门之间应保持通信联络。

（8）单人巡视，禁止攀登杆塔和配电变压器台架。

（9）巡视中发现高压配电线路、设备接地或高压导线、电缆断落地面、悬挂空中时，室内人员应距离故障点 4m 以外，室外人员应距离故障点 8m 以外；并迅速报告调控中心和上级，等候处理。处理前应防止人员接近接地或断线地点，以免跨步电压伤人。进入上述范围的人员应穿绝缘靴，接触设备的金属外壳时应戴绝缘手套。

（10）无论高压配电线路、设备是否带电，巡视人员均不得单独移开或越过遮栏；若有必要移开遮栏时，应有人监护，并保持表 1-2 规定的安全距离。

表 1-2　　　　　　　　　高压线路、设备不停电时的安全距离

电压等级（kV）	安全距离（m）
10 及以下	0.70
20、35	1.00

（11）进入 SF_6 配电装置室前，应先通风。

（12）配电站、开闭所、箱式变电站等的钥匙至少应有 3 把：一把专供紧急时使用；一把专供运维人员使用；剩余的一把可以借给经批准的高压设备巡视人员和经批准的检修、施工队伍的工作负责人使用，但应登记签名，巡视或工作结束后立即交还。

（13）巡视低压配电网时，禁止触碰裸露的带电部位。

（二）倒闸操作

1. 倒闸操作的方式

倒闸操作有就地操作和遥控操作两种方式。具备条件的设备可进行程序操作，即应用可编程计算机进行的自动化操作。

2. 倒闸操作的分类

倒闸操作分为监护操作和单人操作。

（1）监护操作是指有人监护的操作。监护操作时，操作人员中对设备较为熟悉者做监护。经设备运维管理单位考试合格、批准的检修人员，可进行配电线路、设备的监护操作，监护人应是同一单位的检修人员或设备运维人员。检修人员操作的设备和接、发令程序及安全要求应由设备运维管理单位批准，并报相关部门和调控中心备案。

（2）单人操作是指一人进行的操作。若有可靠的确认和自动记录手段，可实行远方单人操作。实行单人操作的设备、项目及操作人员需经设备运维管理单位或调控中心批准。

3. 倒闸操作的基本条件

（1）有与现场高压配电线路、设备和实际相符的系统模拟图或接线图（包括各种电子接线图）。

（2）操作的设备应具有明显的标志，包括名称、编号、分合指示、旋转方向、切换位置的指示及设备相色等。

（3）配电设备的防误操作闭锁装置不得随意退出运行，停用防误操作闭锁装置应经单位批准；短时间退出防误操作闭锁装置，由配电运维班班长批准，并应按程序尽快投入。

（4）下列三种情况应加挂机械锁：

1）配电站、开闭所未装防误操作闭锁装置或闭锁装置失灵的隔离开关手柄和网门。

2）当电气设备处于冷备用、网门闭锁失去作用时的有电间隔网门。

3）设备检修时，回路中所有来电侧隔离开关的操作手柄。

机械锁应一把钥匙开一把锁，钥匙应编号并妥善保管。

4. 操作发令

（1）倒闸操作应根据值班调控人员或运维人员的指令，受令人复诵无误后执行。发布指令应准确、清晰，使用规范的调度术语和线路名称、设备双重名称。

（2）发令人和受令人应先互报单位和姓名，发布指令的全过程（包括对方复诵指令）和听取指令的报告时，高压指令应录音并做好记录，低压指令应做好记录。

（3）操作人员（包括监护人）应了解操作目的和操作顺序。对指令有疑问时应向发令人询问清楚，确认无误后方可执行。

（4）发令人、受令人、操作人员（包括监护人）均应具备相应资质。

5. 操作票

（1）高压电气设备倒闸操作一般应由操作人员填用配电倒闸操作票。每份操作票只能用于一个操作任务。

（2）事故紧急处理、拉合断路器的单一操作、程序操作、低压操作等工作可以不用操作票。在完成操作后应做好记录，事故紧急处理应保存原始记录。

工作班组的现场操作也可以不用操作票，但应将设备的双重名称和线路的名称、杆号、位置及操作内容等按操作顺序填写在工作票上。由工作班组现场操作的设备、项目及操作人员需经设备运维管理单位或调控中心批准。

（3）操作人和监护人应根据模拟图或接线图核对所填写的操作项目，分别手工或电子签名。

（4）操作票应用黑色或蓝色的钢（水）笔或圆珠笔逐项填写。操作票票面上的时间、地点、线路名称、杆号（位置）、设备双重名称、动词等关键字不得涂改。若有个别错、漏字需要修改、补充时，应使用规范的符号，字迹应清楚。用计算机生成或打印的操作票应使用统一的票面格式。

（5）操作票应事先连续编号，计算机生成的操作票应在正式出票前连续编号，操作票按编号顺序使用。作废的操作票应注明"作废"字样，未执行的操作票应注明"未执行"字样，已操作的操作票应注明"已执行"字样。操作票应至少保存1年。

（6）下列项目应填入操作票内：

1）拉合设备（断路器、隔离开关、跌落式熔断器、接地刀闸等），验电，装拆接地线，合上（安装）或断开（拆除）控制回路或电压互感器回路的空气开关、熔断器，切换保护回路和自动化装置，切换断路器、隔离开关控制方式，检验是否确无电压等。

2）拉合设备（断路器、隔离开关、接地刀闸等）后检查设备的位置。

3）停、送电操作，在拉合隔离开关或拉出、推入手车式开关前，检查断路器确在分闸位置。

4）在进行倒负荷或解、并列操作前后，检查相关电源运行及负荷分配情况。

5）设备检修后合闸送电前，应检查确认送电范围内接地刀闸已拉开、接地线已拆除。

6）根据设备指示情况确定的间接验电和间接方法判断设备位置的检查项。

6. 倒闸操作的基本要求

（1）倒闸操作前，应核对线路名称、设备双重名称和状态。

（2）现场倒闸操作应执行唱票、复诵制度，宜全过程录音。操作人应按操作票填写的顺序逐项操作，每操作完一项，应检查确认后做一个"√"记号，全部操作完毕后进行复查。复查确认后，受令人应立即汇报发令人。

（3）监护操作时，操作人在操作过程中不得有任何未经监护人同意的操作行为。

（4）倒闸操作中产生疑问时，不得更改操作票，应立即停止操作，并向发令人报告。待发令人再行许可后，方可继续操作。任何人不得随意解除闭锁装置。

（5）发生人身触电事故时，可以不经许可立即断开有关设备的电源，但事后应立即报告值班调控人员（或运维人员）。

（6）停电拉闸操作应按照断路器→负荷侧隔离开关→电源侧隔离开关的顺序依次进行，送电合闸操作应按与上述相反的顺序进行。禁止带负荷拉合隔离开关。

（7）配电设备操作后的位置检查应以设备的实际位置为准；无法看到实际位置时，应通过间接方法如设备机械位置指示、电气指示、带电显示装置、仪表及各种遥测、遥信等信号的变化来判断设备位置。判断时，至少应有两个非同样原理或非同源的指示发生对应变化，且所有这些确定的指示均已同时发生对应变化，方可确认该设备已操作到位。检查中若发现其他任何信号有异常，均应停止操作，查明原因。若进行遥控操作，可采用上述的间接方法或其他可靠的方法判断设备位置。对部分无法采用上述方法进行位置检查的配电设备，各单位可根据自身设备情况制定检查细则。

（8）解锁工具（钥匙）应封存保管，所有操作人员和检修人员禁止擅自使用解锁工具（钥匙）。若遇特殊情况需解锁操作，应经设备运维管理部门防误操作装置专责人或设备运维管理部门指定并公布的人员到现场核实无误并签字，并由运维人员告知值班调控人员后，方可使用解锁工具（钥匙）解锁。单人操作、检修人员在倒闸操作过程中禁止解锁；若需解锁，应待增派运维人员到现场，履行上述手续后处理。解锁工具（钥匙）使用后应及时封存并做好记录。

（9）断路器与隔离开关无机械或电气闭锁装置时，在拉开隔离开关前应确认断路器已完全断开。

（10）操作机械传动的断路器或隔离开关时，应戴绝缘手套；操作没有机械传动的断路器、隔离开关或跌落式熔断器时，应使用绝缘棒。雨天室外高压操作时，应使用有防雨罩的绝缘棒，并穿绝缘靴、戴绝缘手套。

（11）装卸高压熔断器时，应戴护目镜和绝缘手套。必要时使用绝缘操作杆或绝缘夹钳。

（12）雷电时，禁止就地倒闸操作和更换熔丝。

（13）单人操作时，禁止登高或登杆操作。

（14）配电线路和设备停电后，在未拉开有关隔离开关和做好安全措施前，不得触及线路和设备或进入遮栏（围栏），以防突然来电。

7. 遥控操作及程序操作

（1）实行远方遥控操作、程序操作的设备、项目，需经本单位批准。

（2）远方遥控操作断路器前，宜对现场发出提示信号，提醒现场人员远离操作设备。

（3）远方遥控操作继电保护软压板，至少应有两个指示发生对应变化，且所有这些确定的指示均已同时发生对应变化，方可确认该压板已操作到位。

8. 配电线路操作

（1）装设柱上开关（包括柱上断路器、柱上负荷开关）的配电线路停电时，应先断开柱上开关，后拉开隔离开关。送电操作顺序与此相反。

（2）配电变压器停电时，应先拉开低压侧开关（刀闸），后拉开高压侧熔断器。送电操作顺序与此相反。

（3）拉开跌落式熔断器、隔离开关时，应先拉开中相，后拉开两边相。合跌落式熔断器、隔离开关的顺序与此相反。

（4）操作柱上充油断路器或与柱上充油设备同杆（塔）架设的断路器时，应防止充油设备爆炸伤人。

（5）更换配电变压器跌落式熔断器熔丝时，应先拉开低压侧开关（刀闸）和高压侧隔离开关或跌落式熔断器。摘挂跌落式熔断器的熔管，应使用绝缘棒，并派人监护。

（6）就地使用遥控器操作断路器，遥控器的编码应与断路器编号唯一对应。操作前，应核对现场设备双重名称。遥控器应有闭锁功能，须在解锁后方可进行遥控操作。为防止误碰解锁按钮，应对遥控器采取必要的防护措施。

9. 低压电气操作

（1）操作人员接触低压金属配电箱（表箱）前应先验电。

（2）有总断路器和分路断路器的回路停电，应先断开分路断路器，后断开总断路器。送电操作顺序与此相反。

（3）有刀开关和熔断器的回路停电，应先拉开刀开关，后取下熔断器。送电操作顺序与此相反。

（4）有断路器和插拔式熔断器的回路停电，应先断开断路器，并在负荷侧逐相验明确无电压后，方可取下熔断器。

（三）砍剪树木

（1）砍剪树木应有人监护。

（2）砍剪靠近带电线路的树木时，工作负责人应在工作开始前向全体作业人员说明电力线路有电；人员、树木、绳索应与导线保持表1-3规定的安全距离。

表 1-3　　　　　　　　邻近或交叉其他电力线工作的安全距离

交流电压等级（kV）	安全距离（m）	直流电压等级（kV）	安全距离（m）
10 及以下	1.0	±50	3.0
20、35	2.5	±400	8.2
60、110	3.0	±500	7.8
220	4.0	±660	10.0
330	5.0	±800	11.1
500	6.0		
750	9.0		
1000	10.5		

（3）待砍剪的树木下方和倒树范围内不得有人逗留。

（4）为防止树木（树枝）倒落在线路上，应使用绝缘绳索将其拉向与线路相反的方向。绳索应有足够的长度和强度，以免拉绳的人员被倒落的树木砸伤。

（5）砍剪山坡树木应做好防止树木向下弹跳接近线路的措施。

（6）砍剪树木时，应防止马蜂等昆虫或动物伤人。

（7）上树时应使用安全带，安全带不得系在待砍剪树枝的断口附近或以上。不得攀抓脆弱和枯死的树枝，不得攀登已经锯过或砍过的未断树木。

（8）风力超过 5 级时，禁止砍剪高出或接近带电线路的树木。

（9）使用油锯和电锯的作业，应由熟悉机械性能和操作方法的人员操作。使用时，应先检查所能锯到的范围内有无铁钉等金属物件，以防金属物件飞出伤人。

三、高压试验与测量工作

1. 一般要求

（1）高压试验不得少于两人，试验负责人应由有经验的人员担任。试验前，试验负责人应向全体试验人员交待工作中的安全注意事项，以及邻近间隔、线路设备的带电部位。

（2）直接接触设备的电气测量应有人监护。测量时，人体与高压带电部位不得小于表 1-2 规定的安全距离。夜间测量应有足够的照明。

（3）高压试验的试验装置和测量仪器应符合试验和测量的安全要求。

（4）测量工作一般在天气良好时进行。

（5）雷电时，禁止测量绝缘电阻及高压侧核相。

2. 高压试验

（1）配电线路和设备的高压试验应填用配电第一种工作票。在同一电气连接部分，许可高压试验工作票之前，应先将已许可的检修工作票全部收回，禁止再许可第二张工作票。一张工作票中同时有检修和试验时，试验前应得到工作负责人的同意。

（2）因试验需要解开设备接头时，解开前应做好标记，重新连接后应检查。

（3）试验装置的金属外壳应可靠接地；高压引线应尽量缩短，并采用专用的高压试验线，必要时用绝缘物支持牢固。

（4）试验装置的电源开关应使用双极刀闸，并在刀刃或刀座上加绝缘罩，以防误合。试验装置的低压回路中应有两个串联电源开关，并装设过载自动跳闸装置。

（5）试验现场应装设遮栏（围栏），遮栏（围栏）与试验设备高压部分应有足够的安全距离，向外悬挂"止步，高压危险！"标示牌。被试设备不在同一地点时，另一端还应设遮栏（围栏）并悬挂"止步，高压危险！"标示牌。

（6）试验应使用规范的短路线，加电压前应检查试验接线，确认表计倍率、量程、调压器零位及仪表的初始状态均正确无误后，通知所有人员离开被试设备，并取得试验负责人许可，方可加压。加压过程中应有人监护并呼唱，试验人员应随时警戒异常现象发生，操作人应站在绝缘垫上。

（7）变更接线或试验结束后应断开试验电源，并将升压设备的高压部分放电、短路接地。

（8）试验结束后，试验人员应拆除自装的接地线和短路线，检查被试设备，并将其恢复至试验前的状态，经试验负责人复查后，清理现场。

3. 测量工作

（1）使用钳形电流表的测量工作：

1）高压回路上使用钳形电流表的测量工作，至少应两人进行。非运维人员测量时，应填用配电第二种工作票。

2）使用钳形电流表测量，应保证钳形电流表的电压等级与被测设备相符。

3）测量时应戴绝缘手套，穿绝缘鞋（靴）或站在绝缘垫上，不得触及其他设备，以防短路或接地。观测钳形电流表数据时，应注意保持头部与带电部分的安全距离。

4）在高压回路上测量时，禁止用导线从钳形电流表另接表计测量。

5）测量时若需拆除遮栏（围栏），应在拆除遮栏（围栏）后立即进行。工作结束后，应立即恢复遮栏（围栏）原状。

6）测量高压电缆各相电流时，电缆头线间距离应大于 300mm，且绝缘良好、测量方便。当有一相接地时，禁止测量。

7）使用钳形电流表测量低压线路和配电变压器低压侧电流时，应注意不触及其他带电部位，以防相间短路。

（2）使用绝缘电阻表测量绝缘电阻的工作：

1）测量绝缘电阻时，应断开被测设备所有可能来电的电源，并验明无电压，确认设备无人工作后，方可进行。测量中禁止他人接近被测设备。测量绝缘电阻前后，应将被测设备对地放电。

2）测量用的导线应使用相应电压等级的绝缘导线，其端部应有绝缘套。

3）在带电设备附近测量绝缘电阻时，测量人员和绝缘电阻表安放的位置应与设备的带电部分保持安全距离。移动引线时，应加强监护，防止人员触电。

4）测量线路绝缘电阻时，应在取得许可并通知对侧后进行。在有感应电压的线路上测量绝缘电阻时，应先将相关线路停电，方可进行。

4. 核相工作

（1）核相工作应填用配电第二种工作票或操作票。

（2）高压侧核相应使用相应电压等级的核相器，并逐相进行。

（3）高压侧核相宜采用无线核相器。

（4）二次侧核相时，应防止二次侧短路或接地。

5. 测量工作的其他安全要求

（1）测量带电线路导线对地面、建筑物、树木的距离以及导线与导线的交叉跨越距离时，禁止使用普通绳索、线尺等非绝缘工具。

（2）测量杆塔、配电变压器和避雷器的接地电阻时，若线路和设备带电，则在解开或恢复杆塔、配电变压器和避雷器的接地引线时，应戴绝缘手套。禁止直接接触与地断开的接地线。系统有接地故障时，不得测量接地电阻。

（3）测量用的仪器、仪表应保存在干燥的室内。

四、二次系统工作

1. 一般要求

（1）工作人员在现场工作过程中，凡遇到异常情况（如直流系统接地等）或断路器跳闸时，不论与本工作是否有关，都应立即停止工作，保持现状，待查明原因，并确认与本工作无关时方可继续工作；若异常情况或断路器跳闸是由本工作引起的，应保留现场并立即通知运维人员。

（2）继电保护装置、配电自动化装置、安全自动装置和仪表、自动化监控系统的二次回路变动时，应及时更改图纸，并按经审批后的图纸进行。工作前应隔离无用的接线，防止误拆或产生寄生回路。

（3）二次设备箱体应可靠接地且接地电阻应满足要求。

2. 电流互感器和电压互感器工作

（1）电流互感器和电压互感器的二次绕组应有一点且仅有一点永久性的、

可靠的保护接地。工作中，禁止将回路的永久接地点断开。

（2）在带电的电流互感器二次回路上工作时，应采取措施防止电流互感器二次侧开路。短路电流互感器的二次绕组应使用短路片或短路线，禁止用导线缠绕。

（3）在带电的电压互感器二次回路上工作，应采取措施防止电压互感器二次侧短路或接地。接临时负载，应装设专用的刀闸和熔断器。

（4）二次回路通电或耐压试验前，应通知运维人员和其他有关人员，并派专人到现场看守，检查二次回路及一次设备上确实无人工作后，方可加压。

（5）电压互感器的二次回路在通电试验时，应将二次回路断开，并取下电压互感器高压熔断器或拉开电压互感器一次刀闸，防止由二次侧向一次侧反送电。

3. 现场检修

（1）现场工作开始前，应检查确认已做的安全措施符合要求、运行设备和检修设备之间的隔离措施正确完成。工作时，应仔细核对检修设备名称，严防走错位置。

（2）在全部或部分带电的运行屏（柜）上工作时，应将检修设备与运行设备以明显的标志隔开。

（3）作业人员在接触运行中的二次设备箱体前，应用低压验电器或测电笔确认其无电压。

（4）工作中，需临时停用有关保护装置、配电自动化装置、安全自动装置或自动化监控系统时，应向调控中心申请，经值班调控人员或运维人员同意方可执行。

（5）在继电保护、配电自动化装置、安全自动装置和仪表及自动化监控系统屏间的通道上安放试验设备时，不能阻塞通道，要与运行设备保持一定距离，防止事故处理时通道不畅。搬运试验设备时应防止误碰运行设备，造成相关运行设备的继电保护误动作。清扫运行中的二次设备和二次回路时，应使用绝缘工具，并采取措施防止振动、误碰。

4. 整组试验

（1）继电保护、配电自动化装置、安全自动装置及自动化监控系统做传动试验、一次通电或进行直流系统功能试验前，应通知运维人员和有关人员，并指派专人到现场监视后，方可进行。

（2）检验继电保护、配电自动化装置、安全自动装置和仪表、自动化监控系统和仪表的工作人员，不得操作运行中的设备、信号系统、保护压板。在取得运维人员许可并在检修工作盘两侧开关把手上采取防误操作措施后，方可断、合检修断路器（开关）。

五、分布式电源相关工作

1. 一般要求

（1）接入高压配电网的分布式电源，其并网点应安装易操作、可闭锁、具有明显断开点、可开断故障电流的开断设备，电网侧应能接地。

（2）接入低压配电网的分布式电源，并网点应安装易操作、具有明显断开指示、具备开断故障电流能力的开断设备。

（3）接入高压配电网的分布式电源用户进线开关、并网点开断设备应有名称，并报电网管理单位备案。

（4）有分布式电源接入的电网管理单位应及时掌握分布式电源接入情况，并在系统接线图上标注完整。

（5）装设于配电变压器低压母线处的反孤岛装置与低压总开关、母线联络开关间应具备操作闭锁功能。

2. 并网管理

（1）电网调控中心应掌握接入高压配电网的分布式电源并网点开断设备的状态。

（2）直接接入高压配电网的分布式电源的启停应执行电网调控中心的指令。

（3）分布式电源并网前，电网管理单位应对并网点设备验收合格，并通过协议与用户明确双方的安全责任和义务。并网协议中至少应明确以下内容：

1）并网点开断设备（属用户）的操作方式。

2）检修时的安全措施。双方应相互配合做好电网停电检修的隔离、接地、加锁或悬挂标示牌等安全措施，并明确并网点安全隔离方案。

3）由电网管理单位断开的并网点开断设备，仍应由电网管理单位恢复。

3. 运维和操作

（1）分布式电源项目验收单位在项目并网验收后，应将工程有关技术资料和接线图提交电网管理单位，并及时更新系统接线图。

（2）电网管理单位应掌握、分析分布式电源接入配电变压器台区状况，确保接入设备满足有关技术标准的要求。

（3）进行分布式电源相关设备操作的人员应有与现场设备和运行方式相符的系统接线图，现场设备应具有明显操作指示，以便于操作及检查确认。

（4）操作应按规定填用操作票。

4. 检修工作

（1）在分布式电源并网点和公共连接点之间的作业，必要时应组织现场勘察。

（2）在有分布式电源接入的相关设备上工作，应按规定填用工作票。

（3）在有分布式电源接入电网的高压配电线路、设备上停电工作，应断开分布式电源并网点的断路器、隔离开关或熔断器，并在电网侧接地。

（4）在有分布式电源接入的低压配电网上工作，宜采取带电工作方式。

（5）若在有分布式电源接入的低压配电网上停电工作，至少应采取接地、绝缘遮蔽或在断开点加锁、悬挂标示牌等措施之一防止反送电。

（6）电网管理单位停电检修，应明确告知分布式电源用户停送电时间。由电网管理单位操作的设备，应告知分布式电源用户。以空气开关等无明显断开点的设备作为停电隔离点时应采取加锁、悬挂标示牌等措施防止误送电。

六、架空配电线路工作

1. 杆塔上作业

（1）攀登杆塔作业前，应做好以下工作：

1）核对线路名称和杆号。

2）检查杆根、基础和拉线是否牢固。

3）检查杆塔上有无影响攀登的附属物。

4）若遇冲刷、起土、上拔或导地线、拉线松动的杆塔，应先培土加固、打好临时拉线或支好架杆。

5）检查登高工具、设施（如脚扣、升降板、安全带、梯子、脚钉、爬梯、防坠装置等）是否完整牢靠。

6）攀登有覆冰、积雪的杆塔时，应采取防滑措施。

7）在攀登过程中应检查横向裂纹和金具锈蚀情况。

（2）杆塔作业应禁止以下行为：

1）攀登杆基未完全固定或未做好临时拉线的新立杆塔。

2）携带器材登杆或在杆塔上移位。

3）利用绳索、拉线上下杆塔或顺杆下滑。

（3）杆塔上作业应注意以下安全事项：

1）作业人员攀登杆塔、在杆塔上移位及杆塔上作业时，手扶的构件应牢固，不得失去后备保护，并有防止安全带从杆顶脱出或被锋利物损坏的措施。

2）在杆塔上作业时，宜使用有后备保护绳或速差自锁器的双控背带式安全带，安全带和保护绳应分挂在杆塔不同部位的牢固构件上。

3）上横担前，应检查横担的腐蚀情况、连接是否牢固。检查时安全带（绳）应系在主杆或牢固的构件上。

4）在人员密集或有人员通过的地段进行杆塔上作业时，作业点下方应按坠落半径设围栏或其他保护措施。

5）杆塔上下无法避免垂直交叉作业时，应做好防落物伤人的措施。作业时要相互照应，密切配合。

6）在杆塔上作业时不得从事与工作无关的活动。

（4）在杆塔上使用梯子或临时工作平台，应将两端与固定物可靠连接，一般应由一人在其上作业。

（5）雷电时，禁止在线路杆塔上作业。

2. 杆塔施工

（1）立、撤杆应设专人统一指挥。开工前，应交待施工方法、指挥信号和安全措施。

（2）在居民区和交通道路附近立、撤杆时，应设警戒范围或警告标志，并派人看守。

（3）立、撤杆塔时，禁止基坑内有人。除指挥人及指定人员外，其他人员应在杆塔高度的 1.2 倍距离以外。

（4）顶杆及叉杆只能用于竖立 8m 以下的拔梢杆，不得用铁锹、木桩等代用，立杆前应开好"马道"，作业人员应均匀分布在电杆两侧。

（5）立杆及修整杆坑，应采用拉绳、叉杆等控制杆身，以避免其倾斜、滚动。

（6）使用临时拉线的安全要求：

1）不得利用树木或外露岩石作受力桩。

2）一个锚桩上的临时拉线不得超过两根。

3）临时拉线不得固定在有可能移动或其他不可靠的物体上。

4）临时拉线的绑扎工作应由有经验的人员担任。

5）临时拉线应在永久拉线全部安装完毕并承力后方可拆除。

6）杆塔施工过程需要采用临时拉线过夜时，应对临时拉线采取加固和防盗措施。

（7）利用已有杆塔立、撤杆时，应检查杆塔根部及拉线和杆塔的强度，必要时应增设临时拉线或采取其他补强措施。

（8）使用吊车立、撤杆塔时，钢丝绳套应挂在电杆的适当位置以防止电杆突然倾倒。撤杆时，应先检查有无卡盘或障碍物并试拔。

（9）使用倒落式抱杆立、撤杆时，主牵引绳、尾绳、杆塔中心及抱杆顶应在一条直线上，抱杆下端应固定牢固，抱杆顶部应设临时拉线，并由有经验的人员均匀调节控制。抱杆应受力均匀，两侧缆风绳应拉好，不得左右倾斜。

（10）使用固定式抱杆立、撤杆时，抱杆基础应平整坚实，缆风绳应分布合理、受力均匀。

（11）整体立、撤杆塔前，应全面检查各受力、连接部位情况，全部满足要求后方可起吊。

（12）在带电线路、设备附近立、撤杆塔时，杆塔、拉线、临时拉线、起重设备、起重绳索应与带电线路、设备保持表1-4所规定的安全距离，且应有防止立、撤杆过程中拉线跳动和杆塔倾斜接近带电导线的措施。

表1-4　　　　　与架空输电线及其他带电体的最小安全距离

电压（kV）	<1	10、20	35、66	110	220	330	500
最小安全距离（m）	1.5	2.0	4.0	5.0	6.0	7.0	8.5

（13）已经立起的杆塔，在回填夯实后方可撤去拉绳及叉杆。

（14）杆塔检修（施工）应注意以下安全事项：

1）不得随意拆除未采取补强措施的受力构件。

2）调整杆塔倾斜、弯曲、拉线受力不均时，应根据需要设置临时拉线及其调节范围，并应有专人统一指挥。

3）杆塔上有人时，禁止调整或拆除拉线。

3. 放线、紧线与撤线

（1）放线、紧线与撤线工作均应有专人指挥、统一信号，并做到通信畅通、加强监护。

（2）交叉跨越各种线路、铁路、公路、河流等地方放线、撤线，应先取得有关主管部门的同意，并做好跨越架搭设、封航、封路、在路口设专人持信号旗看守等安全措施。

（3）工作前应检查确认放线、紧线与撤线工具及设备符合要求。

（4）放线、紧线前，应检查确认导线没有被障碍物挂住，导线与牵引绳的连接应可靠，线盘架应稳固可靠、转动灵活、制动可靠。

（5）紧线、撤线前，应检查拉线、桩锚及杆塔。必要时，应加固桩锚或增设临时拉线。拆除杆上导线前，应检查杆根，做好防止倒杆措施，在挖坑前应先绑好拉绳。

（6）放线、紧线时，若接线管或接线头过滑轮、横担、树枝、房屋等处有卡、挂现象，应松线后处理。处理时操作人员应站在卡线处外侧，采用工具、大绳等撬、拉导线，禁止用手直接拉、推导线。

（7）放线、紧线与撤线时，作业人员不应站在或跨在已受力的牵引绳、导线的内角侧、展放的导线圈内以及牵引绳或架空线的垂直下方。

（8）放、撤导线时应有人监护，注意与高压导线的安全距离，并采取措施防止与低压带电线路接触。

（9）禁止采用突然剪断导线的做法松线。

（10）采用以旧线带新线的方式施工时，应检查确认旧导线完好牢固；若放线通道中有带电线路和带电设备，应与之保持安全距离，无法保证安全距离时应采取搭设跨越架等措施或停电。牵引过程中应安排专人跟踪新旧导线的连接点，发现问题应立即通知停止牵引。

（11）在交通道口采取无跨越架施工时，应采取措施防止车辆挂碰施工线路。

4. 高压架空绝缘导线作业

（1）架空绝缘导线不得视为绝缘设备，作业人员或非绝缘工器具、材料不得直接接触或接近。架空绝缘导线与裸导线线路的作业安全要求相同。

（2）禁止作业人员穿越未停电接地或未采取隔离措施的绝缘导线进行工作。

（3）在停电检修作业中，开断或接入绝缘导线前，应做好防感应电的安全措施。

5. 邻近带电导线的工作

（1）在带电杆塔上进行测量、防腐、巡视检查、紧杆塔螺栓、清除杆塔上异物等工作时，作业人员活动范围及其所携带的工具、材料等与带电导线最小距离不得小于表 1-2 的规定。若不能保持表 1-2 规定的距离时，应按照不停电作业或停电进行。

（2）工作中，应使用绝缘无极绳索，风力应小于 5 级，并设专人监护。

（3）若停电检修的线路与另一回带电线路交叉或接近，并导致工作时人员和工器具可能和另一回线路接触或接近至表 1-3 规定的安全距离以内，则另一回线路也应停电并接地。工作中应采取防止损伤另一回线路的措施。

若交叉或邻近的线路无法停电时，还应遵守以下规定：

1）邻近带电线路工作时，人体、导线、施工机具等与带电线路的距离应满足表 1-3 的规定，作业的导线应在工作地点接地，绞车等牵引工具应接地。

2）在带电线路下方进行交叉跨越档内松紧、降低或架设导线的检修及施工时，应采取防止导线跳动或过牵引与带电线路接近至表 1-3 安全距离的措施。

3）停电检修的线路若在另一回线路的上面，并且又必须在该线路不停电的情况下进行放松或架设导线、更换绝缘子等工作时，应采取作业人员充分讨论后经批准执行的安全措施。措施应能保证：① 检修线路的导、地线牵引绳索等与带电线路的导线应保持表 1-3 规定的安全距离；② 要有防止导、地线脱落、滑跑的后备保护措施。

4）与带电线路平行、邻近或交叉跨越的线路停电检修，应采取以下措施防止误登杆塔：

a. 每基杆塔上都应有线路名称、杆号；

b. 经核对停电检修线路的名称、杆号无误，并验明线路确已停电并挂好接地线后，工作负责人方可宣布开始工作；

c. 在该段线路上工作，作业人员登杆塔前应核对确认停电检修线路的名称、杆号无误，并设专人监护，方可攀登。

6. 同杆（塔）架设多回线路中部分线路停电的作业

（1）工作票中应填写多回线路中每回线路的双重称号（即线路名称和位置称号）。

（2）工作负责人在接受许可开始工作的命令前，应与工作许可人核对确认停电线路双重称号无误。

（3）禁止在有同杆（塔）架设的 10（20）kV 及以下线路带电情况下，进行另一回线路的停电施工作业。

（4）在同杆（塔）架设的 10（20）kV 及以下线路带电情况下，当满足表 1－3 规定的安全距离且采取可靠保护人身安全措施的情况下，方可进行下层线路的登杆停电检修工作。

（5）为防止误登有电线路，应采取以下措施：

1）每基杆塔应设识别标记（色标、判别标识等）和线路名称、杆号。

2）工作前应发给作业人员相对应线路的识别标记。

3）经核对停电检修线路的识别标记和线路名称、杆号无误，验明线路确已停电并挂好接地线后，工作负责人方可宣布开始工作。

4）作业人员登杆塔前应核对停电检修线路的识别标记和线路名称、杆号，无误后，方可攀登。

5）登杆塔和在杆塔上工作时，每基杆塔都应设专人监护。

（6）在带电导线附近使用绑线时，应在地面绕成小盘再带上杆塔。禁止在杆塔上卷绕或放开绑线。

七、配电设备工作

1. 柱上变压器台架工作

（1）进行柱上变压器台架工作前，应检查确认台架与杆塔连接牢固、接地体完好。

（2）进行柱上变压器台架工作，应先断开低压侧的空气开关、刀开关，再断开变压器台架的高压线路的隔离开关或跌落式熔断器，高低压侧验电、接地后，方可工作。若变压器的低压侧无法装设接地线，则应采用绝缘遮蔽措施。

（3）进行柱上变压器台架工作，人体与高压线路和跌落式熔断器上部带电部分应保持安全距离。不宜在跌落式熔断器下部新装、调换引线，若必须进行，则应采用绝缘罩将跌落式熔断器上部隔离，并设专人监护。

2. 箱式变电站工作

（1）在进行箱式变电站停电工作前，应断开所有可能送电到箱式变电站的线路的断路器、负荷开关、隔离开关和熔断器，验电、接地后，方可进行箱式变电站的高压设备工作。

（2）变压器高压侧短路接地、低压侧短路接地或采取绝缘遮蔽措施后，方可进入变压器室工作。

3. 配电站、开闭所工作

（1）配电站、开闭所的环网柜更换熔断器应在没有负荷的状态下进行。

（2）环网柜应在停电、验电、合上接地刀闸后，方可打开柜门。

（3）进行环网柜部分停电工作时，若进线柜线路侧有电，进线柜应设遮栏，悬挂"止步，高压危险！"标示牌；在进线柜负荷开关的操作把手插入口加锁，并悬挂"禁止合闸，有人工作！"标示牌；在进线柜接地刀闸的操作把手插入口加锁。

（4）进行配电站的变压器室内工作时，人体与高压设备带电部分应保持表 1-2 规定的安全距离。

（5）配电变压器柜的柜门应有防误入带电间隔的措施，新设备应安装防误入带电间隔闭锁装置。

（6）在带电设备周围使用工器具及搬动梯子、管子等长物时，应满足安全距离要求。在带电设备周围禁止使用钢卷尺、皮卷尺和线尺（夹有金属丝者）进行测量。

（7）在配电站或高压室内搬动梯子、管子等长物时，应将其放倒，由两人搬运，并与带电部分保持足够的安全距离。在配电站的带电区域内或邻近带电线路处，禁止使用金属梯子。

八、低压电气工作

1. 一般要求

（1）进行低压电气带电工作应戴手套、护目镜，并保持对地绝缘。

（2）低压配电网中的开断设备应易于操作，并有明显的开断指示。

（3）进行低压电气工作前，应用低压验电器或测电笔检验检修设备、金属外壳和相邻设备是否有电。

（4）进行低压电气工作时，应采取措施防止误入相邻间隔、误碰相邻带电部分。

（5）进行低压电气工作时，拆开的引线、断开的线头应采取绝缘包裹等遮蔽措施。

（6）进行低压电气带电工作时，应采取绝缘隔离措施防止相间短路和单相接地。

（7）进行低压电气带电工作时，作业范围内电气回路的剩余电流动作保护装置应投入运行。

（8）低压电气带电工作使用的工具应有绝缘柄，其外裸露的导电部位应采取绝缘包裹措施。禁止使用锉刀、金属尺和带有金属物的毛刷、毛掸等工具。

（9）所有未接地或未采取绝缘遮蔽、断开点加锁挂牌等可靠措施隔绝电源的低压线路和设备都应视为带电。未经验明确无电压时，禁止触碰导体的裸露部分。

2. 低压配电网工作

（1）带电断、接低压导线应有人监护。断、接导线前应核对相线（火线）和零线。断开导线时，应先断开相线（火线），后断开零线。搭接导线时，顺序应相反。禁止人体同时接触两根线头。禁止带负荷断、接导线。

（2）高低压同杆（塔）架设，在低压带电线路上工作前，应先检查与高压线路的距离，并采取防止误碰高压带电线路的措施。

（3）高低压同杆（塔）架设，在下层低压带电导线未采取绝缘隔离措施或未停电接地时，作业人员不得穿越。

（4）低压装表接电时，应先安装计量装置后接电。

（5）在电容器柜内工作，应先断开电容器的电源、逐相充分放电后，方可工作。

（6）在配电柜（盘）内工作，相邻设备应全部停电或采取绝缘遮蔽措施。

（7）当发现配电箱、电表箱箱体带电时，应断开上一级电源，查明带电原因，并做相应处理。

（8）在配电变压器测控装置二次回路上工作时，应按低压带电工作进行，并采取措施防止电流互感器二次侧开路。

（9）使用钳形电流表测量低压线路和配电变压器低压侧电流时，应注意不得触及其他带电部位，以防相间短路。

（10）非运维人员进行的低压测量工作，宜填用低压工作票。

3. 低压用电设备工作

（1）在低压用电设备（如充电桩、路灯、用户终端设备等）上工作时，应采用工作票或派工单、任务单、工作记录、口头、电话命令等形式，口头或电话命令应留有记录。

（2）在低压用电设备上工作时，需高压线路、设备配合停电时，应填用相应的工作票。

（3）在低压用电设备上停电工作前，应断开电源、取下熔丝，加锁或悬挂标示牌，确保不误合。

（4）在低压用电设备上停电工作前，应验明确无电压，方可工作。

九、高处作业

1. 一般要求

（1）凡在坠落高度基准面 2m 及以上的高处进行的作业，均视为高处作业。

（2）参加高处作业的人员，应每年进行一次体检。

（3）高处作业应搭设脚手架，使用高空作业车、升降平台或采取其他防止坠落的措施。

（4）使用高空作业车、带电作业车、叉车、高处作业平台等进行高处作业时，高处作业平台应处于稳定状态，作业人员应使用安全带。移动车辆时，应先将平台收回，作业平台上不得载人。高空作业车（带斗臂）在使用前应在预定位置空斗试操作一次。

（5）高处作业应使用工具袋。上下传递材料、工器具应使用绳索；邻近带电线路作业时，应使用绝缘绳索传递，较大的工具应用绳拴在牢固的构件上。

（6）高处作业区周围的孔洞、沟道等应设盖板、安全网或遮栏（围栏）并有固定其位置的措施。同时，应设置安全标志，夜间还应设红灯示警。

（7）低温或高温环境下的高处作业，应采取保暖或防暑降温措施，作业时间不宜过长。

（8）在 5 级及以上的大风以及暴雨、雷电、冰雹、大雾、沙尘暴等恶劣天气下，应停止露天高处作业。特殊情况下，确需在恶劣天气进行抢修时，应制定相应的安全措施，经本单位批准后方可进行。

（9）在屋顶及其他危险的边沿工作，临空一面应装设安全网或防护栏杆，否则，作业人员应使用安全带。

（10）峭壁、陡坡的工作场地或人行道上，冰雪、碎石、泥土应经常清理，靠外面一侧应设 1050～1200mm 高的栏杆，栏杆内侧设 180mm 高的侧板。

（11）工件、边角余料应放置在牢靠的地方或用铁丝扣牢并有防止坠落的措施。

（12）进行高处作业，除有关人员外，他人不得在工作地点的下面通行或逗留，工作地点下面应有遮栏（围栏）或装设其他保护装置。若在格栅式的平台上工作，应采取有效隔离措施，如铺设木板等。

2. 安全带

（1）在电焊作业或其他有火花、熔融源等的场所使用的安全带或安全绳应有隔热防磨套。

（2）安全带的挂钩或绳子应挂在结实牢固的构件上或专为挂安全带用的钢丝绳上，并应采用高挂低用的方式。禁止挂在移动或不牢固的物件上，如隔离开关支持绝缘子、母线支柱绝缘子、避雷器支柱绝缘子等。

（3）安全带和专作固定安全带的绳索在使用前应进行外观检查，不合格者不得使用。

（4）作业人员在作业过程中，应随时检查安全带是否拴牢。高处作业人员在转移作业位置时不得失去安全保护。

（5）腰带和保险带、绳应有足够的机械强度，材质应耐磨，卡环（钩）应具有保险装置，操作应灵活。保险带、绳的使用长度在3m以上的应加缓冲器。

3. 脚手架

（1）脚手架应经验收合格后方可使用。上下脚手架应走斜道或梯子，禁止作业人员沿脚手杆或栏杆等攀爬。

（2）在没有脚手架或者在没有栏杆的脚手架上工作，并且高度超过1.5m时，应使用安全带或采取其他可靠的安全措施。

4. 梯子

（1）梯子应坚固完整，有防滑措施。梯子的支柱应能承受攀登时作业人员及所携带的工具、材料的总重量。

（2）单梯的横档应嵌在支柱上，并在距梯顶1m处设限高标志。使用单梯工作时，梯与地面的斜角度约为60°。

（3）梯子不宜绑接使用。人字梯应有限制开度的措施。

（4）人在梯子上时，禁止移动梯子。

十、电力电缆作业

1. 一般要求

（1）工作前，应核对电力电缆标志牌的名称与工作票所填写的相符以及安全措施正确可靠。

（2）电力电缆的标志牌应与电网系统图、电缆走向图和电缆资料的名称一致。

（3）电缆隧道应有充足的照明，并有防火、防水及通风措施。

2．电力电缆施工作业

（1）电缆沟（槽）开挖的安全措施如下：

1）电缆直埋敷设施工前，应先查清图纸，再开挖足够数量的样洞（沟），摸清地下管线分布情况，以确定电缆敷设位置，确保不损伤运行电缆和其他地下管线设施。

2）掘路施工应做好防止交通事故的安全措施。施工区域应用标准路栏等进行分隔，并有明显标记，夜间施工人员应佩戴反光标志，施工地点应加挂警示灯。

3）为防止损伤运行电缆或其他地下管线设施，在城市道路红线范围内不宜使用大型机械开挖沟（槽），硬路面面层破碎可使用小型机械设备，但应加强监护，不得深入土层。

4）沟（槽）开挖深度达到 1.5m 及以上时，应采取措施防止土层塌方。

5）沟（槽）开挖时，应将路面铺设材料和泥土分别堆置，堆置处和沟（槽）之间应保留通道供施工人员正常行走。在堆置物堆起的斜坡上不得放置工具、材料等器物。

6）在下水道、煤气管线、潮湿地、垃圾堆或有腐质物等附近挖沟（槽）时，应设监护人。在挖深超过 2m 的沟（槽）内工作时，应采取安全措施，如戴防毒面具、向沟（槽）送风和持续检测等。监护人应密切注意挖沟（槽）人员，防止煤气、硫化氢等有毒气体中毒及沼气等可燃气体爆炸。

7）挖到电缆保护板后，应由有经验的人员在场指导，方可继续进行。

8）挖掘出的电缆或接头盒，若下方需要挖空时，应采取悬吊保护措施。

（2）进入电缆井、电缆隧道前，应先用吹风机排除浊气，再用气体检测仪检查井内或隧道内的易燃易爆及有毒气体的含量是否超标，并做好记录。

（3）电缆井、电缆隧道内工作时，通风设备应保持常开。禁止只打开电缆井一只井盖（单眼井除外）。作业过程中应用气体检测仪检查井内或隧道内的易燃易爆及有毒气体的含量是否超标，并做好记录。

（4）在电缆隧道内巡视时，作业人员应携带便携式气体测试仪，通风不良时还应携带正压式空气呼吸器。

（5）电缆沟的盖板开启后，应自然通风一段时间，经检测合格后方可下井沟工作。

（6）开启电缆井井盖、电缆沟盖板及电缆隧道人孔盖时应注意站立位置，以免坠落，开启电缆井井盖应使用专用工具。开启后应设置遮栏（围栏），并派专人看守。作业人员撤离后，应立即恢复。

（7）移动电缆接头一般应停电进行。若必须带电移动，应先调查该电缆的历史记录，由有经验的施工人员，在专人统一指挥下平正移动。

（8）开断电缆前，应与电缆走向图核对相符，并使用仪器确认电缆无电压后，用接地的带绝缘柄的铁钎钉入电缆芯后，方可工作。扶绝缘柄的人应戴绝缘手套并站在绝缘垫上，并采取防灼伤措施。使用远控电缆割刀开断电缆时，刀头应可靠接地，周边其他施工人员应临时撤离，远控操作人员应与刀头保持足够的安全距离，防止弧光和跨步电压伤人。

（9）禁止带电插拔普通型电缆终端接头。可带电插拔的肘型电缆终端接头，不得带负荷操作。带电插拔肘型电缆终端接头时应使用绝缘操作棒并戴绝缘手套、护目镜。

（10）开启高压电缆分支箱（室）门应两人进行，接触电缆设备前应验明确无电压并接地。在高压电缆分支箱（室）内工作时，应将所有可能来电的电源全部断开。

（11）高压跌落式熔断器与电缆头之间作业的安全措施：

1）宜加装过渡连接装置，使作业时能与熔断器上桩头有电部分保持安全距离。

2）跌落式熔断器上桩头带电，需在下桩头新装、调换电缆终端引出线或吊装、搭接电缆终端头及引出线时，应使用绝缘工具，并采用绝缘罩将跌落式熔断器上部隔离，在下桩头加装接地线。

3）作业时，作业人员应站在低位，伸手不得超过跌落式熔断器下桩头，并设专人监护。

4）禁止雨天进行以上工作。

（12）使用携带型火炉或喷灯作业的安全措施：

1）火焰与带电部分的安全距离：电压在 10kV 及以下者，应大于 1.5m；电压在 10kV 以上者，应大于 3m。

2）不得在带电导线、带电设备、变压器、油断路器附近以及在电缆夹层、隧道、沟洞内对火炉或喷灯加油、点火。

3）在电缆沟盖板上或旁边动火工作时应采取防火措施。

（13）制作环氧树脂电缆头和调配环氧树脂过程中，应采取防毒、防火措施。

（14）电缆施工作业完成后应封堵穿越过的孔洞。

（15）非开挖施工的安全措施：

1）采用非开挖技术施工前，应先探明地下各种管线设施的相对位置。

2）非开挖的通道，应离开地下各种管线设施足够的安全距离。

3）通道形成的同时，应及时对施工的区域采取灌浆等措施，防止路基沉降。

3. 电力电缆试验

（1）电缆耐压试验前，应先对被试电缆充分放电。加压端应采取措施防止人员误入试验场所；另一端应设置遮栏（围栏）并悬挂警告标示牌。若另一端是上杆的或是开断电缆处，应派人看守。

（2）电缆试验需拆除接地线时，应在征得工作许可人的许可后（根据调控人员指令装设的接地线，应征得调控人员的许可）方可进行。工作完毕后应立即恢复。

（3）电缆试验过程中需更换试验引线时，作业人员应先戴好绝缘手套，对被试电缆充分放电。

（4）电缆耐压试验分相进行时，另两相电缆应可靠接地。

（5）电缆试验结束，应对被试电缆充分放电，并在被试电缆上加装临时接地线，待电缆终端引出线接通后方可拆除。

（6）电缆故障声测定点时，禁止直接用手触摸电缆外皮或冒烟小洞。

第二节　常用工器具的安全要求

一、安全工器具

1. 管理要求

班组应配置充足、合格的安全工器具，建立统一分类的安全工器具台账和编号方法。应定期开展安全工器具清查盘点，确保做到账、卡、物一致。

（1）安全工器具的领用、归还应严格履行交接和登记手续。领用时，保管人和领用人应共同确认安全工器具有效性，确认合格后，方可出库；归还时，保管人和使用人应共同进行清洁整理和检查确认，检查合格的返库存放，不合格或超试验周期的应另外存放，做出"禁用"标识，停止使用。

（2）安全工器具的保管及存放，必须满足国家和行业标准及产品说明书的要求。

（3）安全工器具宜根据产品要求存放于合适的温度、湿度及通风条件处，与其他物资材料、设备设施应分开存放。

安全工器具宜存放在温度为−15～+35℃、相对湿度为 80%以下、干燥通风的安全工器具室内。

（4）公用的安全工器具，应明确专人负责管理、维护和保养。个人使用的安全工器具，应指定地点集中存放，使用者负责管理、维护和保养，班组安全员应不定期抽查使用维护情况。

（5）安全工器具运输或存放在车辆上时，不得与酸、碱、油类和化学药品接触，并有防损伤和防绝缘性能破坏的措施。

2. 使用总体要求

（1）使用单位每年至少应组织一次安全工器具使用方法培训，新进员工上岗前应进行安全工器具使用方法培训。新型安全工器具使用前应组织针对性培训。

（2）安全工器具使用前，应检查确认绝缘部分无裂纹、无老化、无绝缘层脱落、无严重伤痕等现象以及固定连接部分无松动、无锈蚀、无断裂等现象。对其绝缘部分的外观有疑问时，应经绝缘试验合格后方可使用。

（3）绝缘安全工器具使用前、后应擦拭干净。

二、常用起重机具

1. 纤维绳、麻绳

（1）禁止使用出现松股、散股、断股、严重磨损的纤维绳。纤维绳、麻绳有霉烂、腐蚀、损伤者不得用于起重作业。

（2）机械驱动禁止使用纤维绳。

（3）切断绳索时，应先将预定切断的两边用软钢丝扎结，以免切断后绳索松散，断头处应编结处理。

2．钢丝绳

（1）钢丝绳应定期浸油，遇有下列情况之一者应予以报废：

1）钢丝绳在一个节距中有表1−5规定的断丝根数者；

表1−5　　　　　　钢 丝 绳 报 废 断 丝 数

安全系数	钢丝绳结构					
	6×19＋1		6×37＋1		6×61＋1	
	一个节距中的断丝数（根）					
	交互捻	同向捻	交互捻	同向捻	交互捻	同向捻
＜6	12	6	22	11	36	18
6～7	14	7	26	13	38	19
＞7	16	8	30	15	40	20

2）钢丝绳的钢丝磨损或腐蚀达到钢丝绳实际直径比其公称直径减少7%或更多者；

3）钢丝绳受过严重退火或局部电弧烧伤者；

4）绳芯损坏或绳股挤出者；

5）笼状畸形、严重扭结或弯折者；

6）钢丝绳被压扁变形及表面起毛刺严重者；

7）钢丝绳断丝数量不多，但断丝数量快速增加者。

（2）插接的环绳或绳套，其插接长度应不小于钢丝绳直径的15倍，且不准小于300mm。新插接的钢丝绳套应做125%允许负荷的抽样试验。

（3）通过滑轮及卷筒的钢丝绳不得有接头。

3．滑车及滑车组

（1）滑车及滑车组在使用前应进行检查，禁止使用有裂纹、轮沿破损等情况的滑轮。

（2）线路作业中使用的滑车应有防止脱钩的保险装置或封口措施。使用开门滑车时，应将开门勾环扣紧，防止绳索自动跑出。

（3）滑车不得拴挂在不牢固的结构物上。拴挂固定滑车的桩或锚应埋设牢固可靠。

（4）若使用的滑车可能着地，则应在滑车底下垫以木板，防止垃圾窜入滑车。

4. 链条葫芦

（1）使用前应检查吊钩、链条、转动装置及刹车装置是否良好。吊钩、链轮、倒卡等有变形，以及链条直径磨损达 10%时，禁止使用。制动装置禁止沾染油脂。

（2）起重链不得打扭，也不得拆成单股使用。

（3）两台及两台以上链条葫芦起吊同一重物时，重物的重量应小于每台链条葫芦的允许起重量。

（4）使用中若发生卡链情况，应先将重物垫好后方可进行检修。

5. 卡线器

卡线器的规格、材质应与线材的规格、材质相匹配。不得使用有裂纹、弯曲、转轴不灵活或钳口斜纹磨平等缺陷的卡线器。

6. 抱杆

（1）选用抱杆应经过计算或负荷校核。

（2）独立抱杆至少应有四根缆风绳，人字抱杆至少应有两根缆风绳并有限制腿部开度的控制绳。所有缆风绳均应固定在牢固的地锚上，必要时需经校验合格。

（3）抱杆基础应平整坚实、不积水。在土质疏松的地方，抱杆脚应用垫木垫牢。

（4）缆风绳与抱杆顶部及地锚的连接应牢固可靠，缆风绳与地面的夹角一般应小于 45°，缆风绳与架空输电线路及其他带电体的安全距离应大于表 1-4 的规定。

7. 地锚

（1）地锚的分布和埋设深度，应根据现场所用地锚用途和周围土质设置。

（2）禁止使用弯曲和变形严重的钢质地锚。

（3）禁止使用出现横向裂纹以及有严重纵向裂纹或严重损坏的木质锚桩。

8. 绞磨

（1）绞磨应放置平稳，锚固应可靠，受力前方不得有人。锚固绳应有防滑动措施，并可靠接地。在必要时宜搭设防护工作棚，操作位置应有良好的视野。

（2）作业前应进行检查和试车，确认安置稳固、运行正常、制动可靠后方可使用。

（3）作业时禁止向滑轮上套钢丝绳，禁止在卷筒、滑轮附近用手触碰运行中的钢丝绳，禁止跨越行走中的钢丝绳，禁止在导向滑轮的内侧逗留或通过。

第三节　现场标准化作业指导书（卡）的编制与应用

现场标准化作业指导书（卡）突出安全和质量两条主线，对现场作业活动的全过程进行细化、量化、标准化，保证作业过程的安全和质量处于"可控、在控"状态，达到事前管理、过程控制的要求和预控目标。现场作业指导书（卡）是对作业计划、准备、实施、总结等各个环节，明确具体操作的方法、步骤、措施、标准和人员责任，依据工作流程组合成的执行文件。

一、现场标准化作业指导书的编制原则和依据

1. 编制原则

按照电力安全生产有关法律法规、技术标准、规程规定的要求和国家电网公司有关规范规定，作业指导书的编制应遵循以下原则：

（1）坚持"安全第一、预防为主、综合治理"的方针，体现凡事有人负责、凡事有章可循、凡事有据可查、凡事有人监督。

（2）符合安全生产法规、规定、标准、规程的要求，具有实用性和可操作性。概念清楚、表达准确、文字简练、格式统一，且含义具有唯一性。

（3）现场作业指导书的编制应依据生产计划和现场作业对象的实际，进行危险点分析，制定相应的防范措施。体现对现场作业的全过程控制，体现对设备及人员行为的全过程管理。

（4）现场作业指导书应在作业前编制，注重策划和设计，量化、细化、标准化每项作业内容。集中体现工作（作业）要求具体化、工作人员明确化、工作责任直接化、工作过程程序化，做到作业有程序、安全有措施、质量有标准、考核有依据，并起到优化作业方案、提高工作效率、降低生产成本的作用。

（5）现场作业指导书应以人为本，贯彻安全生产健康环境质量管理体系（SHEQ）的要求，应规定保证本项作业安全和质量的技术措施、组织措施、工序及验收内容。

（6）现场作业指导应结合现场实际由专业技术人员编写，并由相应的主管部门审批，编写、审核、批准和执行应签字齐全。

2. 编制依据

（1）安全生产法律、法规、规程、标准及设备说明书。

（2）缺陷管理、反事故措施要求、技术监督等企业管理规定和文件。

二、现场标准化作业指导书的结构内容及格式

1. 结构

现场标准化作业指导书由封面、范围、引用文件、修前准备、流程图、作业程序和工艺标准、验收记录、指导书执行情况评估和附录 9 项内容组成。

2. 内容及格式

（1）封面。由作业名称、编号、编写人及时间、审核人及时间、批准人及时间、作业负责人、作业工期、编写单位 8 项内容组成。

（2）范围。对作业指导书的应用范围做出具体的规定。如本作业指导书针对××kV××线××杆（塔）更换绝缘子工作，并仅适用于该绝缘子更换工作。

（3）引用文件。明确编写作业指导书所引用的法规、规程、标准、设备说明书及企业管理规定和文件。

（4）修前准备。由准备工作安排、作业人员要求、备品备件、工器具、材料、定置图及围栏图、危险点分析、安全措施、人员分工 9 部分组成。其中：

1）"作业人员要求"的内容包括：① 工作人员的精神状态良好；② 工作人员应具备的资格（包括作业技能、安全资质和特殊工种资质）。

2）"危险点分析"的内容包括：① 作业场地的特点，如带电、交叉作业、高处作业等可能给作业人员带来的危险因素；② 工作环境的情况，如高温、高压、易燃、易爆、有害气体、缺氧等可能给工作人员的安全健康造成的危害；③ 工作中使用的机械、设备、工具等可能给工作人员带来的危害或设备异常；④ 操作程序、工艺流程颠倒，操作方法的失误等可能给工作人员带来的危害或设备异常；⑤ 作业人员的身体状况不适、思想波动、不安全行为、技术水平能力不足等可能带来的危害或设备异常；⑥ 其他可能给作业人员带来危害或造成设备异常的不安全因素等。

3）"安全措施"的内容包括：① 各类工器具的使用措施，如梯子、吊车、电动工具等；② 特殊工作措施，如高处作业、电气焊、油气处理、汽油的使用管理等；③ 专业交叉作业措施，如高压试验、保护传动等；④ 储压、旋转元件检修措施，如储压器、储能电机等；⑤ 对危险点、相邻带电部位所采取

的措施；⑥ 工作票中所规定的安全措施；⑦ 着装规定等。

（5）流程图。流程图是根据检修设备的结构，将现场作业的全过程以最佳的检修顺序，对检修项目的完成时间进行量化，明确完成时间和责任人，而形成的检修流程，如"××kV××线××杆（塔）更换绝缘子流程图"。

（6）作业程序及工艺标准。由开工、检修电源的使用、动火、检修内容和工艺标准、竣工 5 部分组成。其中，"检修内容和工艺标准"的内容包括：按照检修流程图，对每一个检修项目，明确工艺标准、安全措施及注意事项，记录检修结果和责任人。

（7）验收记录。其内容包括：① 记录改进和更换的零部件；② 存在问题及处理意见；③ 检修班组自验收意见及签字；④ 运行单位验收意见及签字；⑤ 检修专业室验收意见及签字；⑥ 公司验收意见及签字。

（8）作业指导书执行情况评估。评估内容包括：① 对指导书的符合性、可操作性进行评价；② 对可操作项、不可操作项、修改项、遗漏项、存在问题做出统计；③ 提出改进意见。

（9）附录。附录主要是设备的主要技术参数，必要时附设备简图，说明作业现场情况；调试数据记录。

10kV××线吊车立杆作业指导书范本见附录 A。

三、现场标准化执行卡的编制

按照"简化、优化、实用化"的要求，现场标准化作业根据不同的作业类型，可采用风险控制卡、工序质量控制卡，重大检修项目应编制施工方案。风险控制卡、工序质量控制卡统称现场执行卡。

现场执行卡的编写和使用应遵守以下原则：

（1）符合安全生产法规、规定、标准、规程的要求，具有实用性和可操作性。内容应简单、明了、无歧义。

（2）应针对现场和作业对象的实际，进行危险点分析，制定相应的防范措施，体现对现场作业的全过程控制，对设备及人员行为实现全过程管理，不能简单照搬照抄范本。

（3）现场执行卡的使用应体现差异化，根据作业负责人技能等级区别使用不同级别的现场执行卡。

（4）应重点突出现场安全管理，强化作业中工艺流程的关键步骤。

（5）原则上，凡使用工作票的停电检修作业，应同时对应每份工作票编写和使用一份现场执行卡。对于部分作业指导书包含的复杂作业，也可根据现场实际需要对应一份或多份现场执行卡。

（6）涉及多专业的作业，各有关专业要分别编制和使用各自专业的现场执行卡，现场执行卡在作业程序上应能实现相互之间的有机结合。

配电线路执行卡采用分级编制的原则，根据工作负责人的技能水平和工作经验使用不同等级的现场执行卡。设定工作负责人等级区分办法，根据各工作负责人的技能等级和工作经验及能力综合评定，并每年审核下发负责人等级名单。工作负责人应依据单位认定的技能等级采用相应的现场执行卡。

四、现场标准化作业指导书（卡）的应用

现场标准化作业对列入生产计划的各类现场作业均要求必须使用经过批准的现场标准化作业指导书（卡）。各单位在遵循现场标准化作业基本原则的基础上，根据实际情况对现场标准化作业指导书（卡）的使用做出明确规定，并可以采用必要的方便现场作业的措施。

（1）现场标准化作业指导书（卡）在使用前必须进行专题学习和培训，保证作业人员熟练掌握作业程序和各项安全、质量要求。

（2）在现场作业实施过程中，工作负责人对现场标准化作业指导书（卡）按作业程序的正确执行负全面责任。工作负责人应亲自或指定专人按现场执行步骤填写、逐项打钩和签名，不得跳项和漏项，并做好相关记录。有关人员也必须履行签字手续。

（3）依据现场标准化作业指导书（卡）进行工作的过程中，如发现与现场实际、相关图纸及有关规定不符等情况时，应由工作负责人根据现场实际情况及时修改现场标准化作业指导书（卡），并经现场标准化作业指导书（卡）的审批人同意后，方可继续按现场标准化作业指导书（卡）进行作业。作业结束后，现场标准化作业指导书（卡）的审批人应履行补签字手续。

（4）依据现场标准化作业指导书（卡）进行工作的过程中，如发现设备存在事先未发现的缺陷和异常，应立即汇报工作负责人，并进行详细分析，制定处理意见，并经现场标准化作业指导书（卡）的审批人同意后，方可进行下一项工作。设备缺陷或异常情况及处理结果，应详细记录在现场标准化作业指导书（卡）中。作业结束后，现场标准化作业指导书（卡）的审批人应履行补签字手续。

（5）作业完成后，工作负责人应对现场标准化作业指导书（卡）的应用情况做出评估，明确修改意见并在作业完工后及时反馈给现场标准化作业指导书（卡）的编制人。

（6）事故抢修、紧急缺陷处理等突发临时性工作，应尽量使用现场标准化作业指导书（卡）。在条件不允许的情况下，可不使用现场标准化作业指导书（卡），但要按照标准化作业的要求，在工作开始前先进行危险点分析并采取相应安全措施。

（7）对大型、复杂、不常进行、危险性较大的作业，应编制风险控制卡、工序质量控制卡和施工方案，并同时使用作业指导书；对危险性相对较小的作业、规模一般的作业、单一设备的简单和常规作业、作业人员较熟悉的作业，应在对现场标准化作业指导书进行充分熟悉的基础上，编制和使用现场执行卡。

五、现场标准化作业指导书（卡）的管理

标准化作业应按分层管理原则对现场标准化作业指导书（卡）明确归口管理部门。应明确现场标准化作业指导书（卡）管理的负责人、专责人，负责现场标准化作业的严格执行。

（1）现场标准化作业指导书一经批准，不得随意更改。如因现场作业环境发生变化、指导书与实际不符等情况需要更改时，必须立即修订并履行相应的批准手续后才能继续执行。

（2）执行过的现场标准化作业指导书（卡）应经评估、签字、主管部门审核后存档。

（3）现场标准化作业指导书实施动态管理，应及时进行检查总结、补充完善。作业人员应及时填写使用评估报告，对指导书的针对性、可操作性进行评价，提出改进意见，并结合实际进行修改。工作负责人和归口管理部门应对作业指导书的执行情况进行监督检查，并定期对作业指导书及其执行情况进行评估，将评估结果及时反馈给编写人员，以指导日后的编写。

（4）对于未使用现场标准化作业指导书进行的事故抢修、紧急缺陷处理等突发临时性工作，应在工作完成后，及时补充编写针对性现场标准化作业指导书，用于今后类似工作。

（5）采用现代化的管理手段，开发现场标准化作业管理软件，逐步实现现场标准化作业信息网络化。

第二章

保证安全的组织措施和技术措施

第一节　保证安全的组织措施

组织是指两个以上的人在一起为实现某个共同目标而协同行动的集合体。在任何一项配电检修（施工）作业过程中，所涉及配网调控人员、设备运维人员、检修施工人员等相关人员，就构成某项特定检修（施工）作业的组织。这个组织要实现安全生产的共同目标，必须要执行一系列安全管理程序和制度，就是保证安全的组织措施。组织措施的核心内容是辨识作业过程中存在的风险和隐患，明确组织成员的安全职责分工，有效落实风险管控的程序和要求。

依据《国家电网公司电力安全工作规程（配电部分）（试行）》，在配电线路和设备上工作，保证安全的组织措施包括现场勘察制度，工作票制度，工作许可制度，工作监护制度，工作间断，转移制度，工作终结制度。

一、现场勘察制度

（1）配电线路检修（施工）作业和用户工程、设备上的工作，工作票签发人或工作负责人认为有必要现场勘察的，应根据工作任务组织现场勘察，并填写现场勘察记录。现场勘察应由工作票签发人或工作负责人组织，工作负责人、设备运维管理单位（用户单位）和检修（施工）单位相关人员参加。对涉及多专业、多部门、多单位的作业项目，应由项目主管部门、单位组织相关人员共同参与。

（2）现场勘察应查看检修（施工）作业需要停电的范围、保留的带电部位、装设接地线的位置、邻近线路、交叉跨越、多电源、自备电源、地下管线设施和作业现场的条件、环境及其他影响作业的危险点，并提出针对性的安全措施和注意事项。

（3）现场勘察后，现场勘察记录应送交工作票签发人、工作负责人及相关各方，作为填写、签发工作票等的依据。

（4）开工前，工作负责人或工作票签发人应重新核对现场勘察情况，发现与原勘察情况有变化时，应及时修正、完善相应的安全措施。

（5）现场勘察与开工时间相隔不宜太长，因故超过两周者，应重新进行勘察。

现场勘察的目的是对作业风险和隐患开展排查辨识，现场勘察工作的质量关系到工作票的正确完备与否，因此必须严格执行到位。上述第（1）条是明确组织现场勘察任务的主体是工作票签发人或工作负责人，涉及作业相关单位人员共同参与；第（2）条是明确现场勘察必须覆盖的内容，本质是开展以防各类触电为首要风险和危害的辨识、分析和评估，从而明确是采取停电或不停电方式作业；第（2）和第（3）条衔接，是正确填用工作票的前提；第（4）、（5）条是提示注意现场勘察的时效性，因为现场作业风险和隐患是实时的、动态的。

（6）配电现场勘察制度补充规定：现场勘察实行分级制，按工程项目分级组织勘察。

1）配电运检工区（县级供电企业）分管领导组织勘察的工程项目：

a. 穿越带电的 110kV 及以上线路的线路施工；

b. 跨越铁路、高速公路的线路施工；

c. 穿越铁路、高速公路、化学品等危险区域的复杂电缆施工；

d. 发生重大灾害后恢复供电等作业环境复杂，极易造成较大及以上人身事故的危险场所的线路或电缆施工；

e. 需要与输电运检工区、检修试验工区、变电运维工区等多部门共同协作完成的大型施工；

f. 市、县级供电企业规定的应由其组织勘察的其他工程项目。

2）配电运检工区技术组（县级供电企业运检部）组织勘察的工程项目：

a. 新建变电站 10kV、20kV 配套线路安装工程，新建变电站、开闭所、环网站配套 10kV、20kV 电缆进出线的安装、改接工程；

b. 由两个及以上部门或需外单位协同的安装、拆除、改造及检修的线路、电缆工程；

c. 跨越带电 10kV、20kV 线路的线路施工；

d. 跨越一级公路、通航河流的线路施工；

e. 穿越带电 35kV 线路的线路施工；

f. 穿越两个及以上班组运行管理的 10kV、20kV 带电线路的线路施工；

g. 10kV、20kV 及以上安全风险较高的配网线路外包施工工程；

h. 对同杆架设多回线路中的某回线路实施停电作业、邻近带电线路作业等环境较为复杂、易造成较大及以上人身伤亡事故的工作；

i. 因道路、桥梁或其他建设需要将电缆改道的工程；

j. 因变电站、开闭所、环网站移位，需要将进出线电缆进行相应改接的工程；

k. 第一次应用的新设备、新项目（新技术）、新工艺的安装施工；

l. 市、县级供电企业规定的应由其组织勘察的其他工程项目。

3）运行班（所）班长组织勘察的工程项目：

a. 10kV、20kV 新架、拆除或改造主干线路在 10 档及以上的线路工程（包括用户专线工程）；

b. 城区、集镇繁华地段或人口密集区域 10kV、20kV 配网线路安装、拆除、改造及检修在五档及以上的线路工程；

c. 跨越二级及以下公路、不通航河流的线路施工；

d. 在交通要道、环境复杂等特殊地段的线路安装、拆除、改造及检修线路工程；

e. 一个施工班下设两个及以上小班施工的线路安装、拆除、改造及检修线路工程；

f. 穿越 2 个及以上班组运行管理的 10kV、20kV 带电线路的线路工程；

g. 跨越 2 个及以上班组运行管理的带电低压线路工程；

h. 产权属于用户的开闭所、高配室、高压线路的安装、拆除、改造及检修工程；

i. 在变电站、开闭所、环网站内电缆更换开关间隔的工程；

j. 因电缆试验或测试需要，在变电站、开闭所、环网站的开关间隔内拆、搭电缆头的工程；

k. 涉及架空线路的电缆安装、拆除、改造及检修工程；

l. 在变电站内、地下管线（如电力、燃气、自来水等）附近开挖工作；

m. 新建电缆管线及电缆其他附属土建设施的工程；

n. 市、县级供电企业规定的应由其组织勘察的其他工程项目。

4）运行班组设备主人组织勘察的工程项目：

a. 10kV、20kV 主线 10 档以下一般线路的安装、拆除、改造及检修线路工程；

b. 镇、村低压线路网改工程（包括低压外包工程）；

c. 一般零星工程的安装、拆除、改造及检修线路施工；

d. 在变电站、开闭所、环网站拆除相应开关间隔内唯一的一回路出线电缆的工作；

e. 因工程配合需要，提前制作完成电缆终端头或其他附件的工作；

f. 电缆命名牌、电缆井产权牌、电缆走向桩（牌）等标识标牌安装或更新的工作；

g. 市、县级供电企业规定的应由其组织勘察的其他工程项目。

（7）配电作业现场勘察的安全要点：

1）现场施工作业环境条件是否安全（包括动火作业），施工作业现场地形、地质、环境条件、人流、车流情况；进行带电作业还需注意带电作业车停放条件、作业设备各种间距、缺陷部位及严重程度等。

2）线路勘察要注意工作地段邻近和交叉跨越带电线路情况和各条线路的来电侧情况（电源端）。电缆勘察要注意工作场所邻近带电部位、电压等级及距离情况。

3）工作地段线路交叉跨越铁路、航道、公路、广播线、通信线、建筑物等情况。

4）注意用户双路电源（开关站双路电源）、并网小水（火）电、自备电源倒送电的可能性。电缆勘察还需注意一个开关间隔或工作的其他工作设备上连接多回路电缆，每回路电缆倒送电的可能性。

5）低压电源倒送电的可能性（对易发生私拉乱接地段及路灯跨台区供电等情况须特别重视）。

6）同杆架设多回线路的停电范围、安全措施和安全措施布置时的安全。

7）线路勘察注意交叉、邻近平行高压线路感应电压情况。电缆勘察时注意连接电缆的架空导线交叉、邻近平行高压线路感应电压情况。

8）作业现场安全带挂点情况。

9）旧设备改造、拆旧及其他设备的设置情况。

10）工作地点的设备标识核对无误。

11）根据命名牌、图纸或采取开挖样洞等手段，现场确认需要工作的电缆。

12）电缆施工涉及土建施工区域地下管线设施的，必要时向所属管线管理部门征询。

（8）配电作业现场勘察的基本要求：

1）停电检修作业现场勘察应确定该项工作的停电范围（包括高、低压）。

2）按本单位有关设备管辖的规程和规定，确定调度管辖、非调度管辖设备及设备管辖（操作）班组。

3）两个及以上工作班工作时，各工作班组必须确定并分清接合部的安全措施，报主管部门审核。必要时由主管部门组织勘察人员进行协调，补充安全注意事项，落实勘察中需要解决的问题。

4）必须根据作业内容勘察清楚施工地点的地理环境，确定现场施工方案，编制安全措施；对遇到的特殊地形应记入备注栏内（其他未列事项亦应记入此栏），并将安全措施（注意事项）列入安全施工作业票内。

5）现场勘察人员、实际现场施工配合的运行人员，力求不变，如有变化，必须进行现场重新勘察。现场勘察人员一般应为施工班组负责人、设备运行人员。施工复杂的停电工程，工作票签发人必须参与。

6）现场勘察范围必须与实际工作范围相符。

7）在绝缘导线上工作时，必须明确可装设接地线的位置。

8）线路移位（或新装、拆旧）工作，必须分别填写清楚新、旧线路的勘察情况。

9）同一天勘察同地段工作内容，且需分几天工作时，应按每天的工作内容分页分别填写勘察记录。工作内容出现变化时，需重新进行勘察，并按实填写勘察记录。

二、工作票制度

在配电线路和设备上工作，应按需填用配电第一种工作票、配电第二种工作票、配电带电作业工作票、低压工作票、配电故障紧急抢修单，使用其他书面记录或按口头、电话命令执行的方式进行。

1. 工作票的适用范围

（1）填用配电第一种工作票的工作：配电工作，需要将高压线路、设备停电或做安全措施者。

（2）填用配电第二种工作票的工作：高压配电（含相关场所及二次系统）工作，与邻近带电高压线路或设备的距离大于表 2—1 规定，不需要将高压线路、设备停电或做安全措施者。

表 2—1　　　　　　　　高压线路、设备不停电时的安全距离

交流电压等级（kV）	安全距离（m）	直流电压等级（kV）	安全距离（m）
10 及以下	0.7	±50	1.5
20、35	1.0	±400	7.2
60、110	1.5	±500	6.8
220	3.0	±660	9.0
330	4.0	±800	10.1
500	5.0		
750	8.0		
1000	9.5		

注　表中未列电压应选用高一电压等级的安全距离。

（3）填用配电带电作业工作票的工作：

1）高压配电带电作业。

2）与邻近带电高压线路或设备的距离大于表 2—2、小于表 2—1 规定的不停电作业。

表 2—2　　　　　　　带电作业时人身与带电体的安全距离

电压等级（kV）	10	20	35	66	110	220	330	500	750	1000	±400	±500	±660	±800
安全距离（m）	0.4	0.5	0.6	0.7	1.0	1.8	2.6	3.4	5.2	6.8	3.8	3.4	4.5	6.8

注　表中数据是根据线路带电作业安全要求提出的。

（4）填用低压工作票的工作：低压配电工作，不需要将高压线路、设备停电或做安全措施者。

1）低压接户线、进户线或户联线上的不停电工作。

2）单一电源低压分支线的停电工作。

3）不需要高压线路、设备停电或做安全措施的低压配电运维一体工作［不

含下面（6）中规定的工作]。

4）同时规定以下工作应填用低压工作票并采用停电作业方式：

a. 低压线路立拆杆塔、放撤导线工作；

b. 低压电缆割接工作（含接户线的拆搭）；

c. 低压配电柜（箱）内的检修工作；

d. 不能满足表 2-1 安全距离的标识牌安装、登杆检查、清理杆上异物、通道内砍剪树木、安装宣传标语牌等工作。

（5）填用配电故障紧急抢修单的工作：

1）配电线路、设备故障紧急处理应填用工作票或配电故障紧急抢修单。

2）配电线路、设备故障紧急处理，是指配电线路、设备发生故障被迫紧急停止运行，需短时间恢复供电或排除故障的、连续进行的故障修复工作。

a. 未造成线路、电气设备被迫停运的缺陷处理工作不得使用故障紧急抢修单；

b. 非连续进行的故障修复工作或 24h 以内不能完成的故障紧急抢修工作，在使用配电故障紧急抢修单对故障临时处理或隔离后进行修复的工作，应使用相应的工作票；

c. 需使用施工机具的较大型工作不得使用故障紧急抢修单，如立杆、放撤线、吊装配电变压器等工作，应使用相应的工作票。

（6）可使用其他书面记录或按口头、电话命令执行的工作：

1）测量接地电阻。

2）修剪树枝。

3）杆塔底部和基础等地面检查、消缺工作。

4）涂写杆塔号、安装标志牌等，工作地点在杆塔最下层导线以下，并能够保持表 2-1 规定的安全距离的工作。

按口头、电话命令执行的工作应留有录音或书面派工记录。记录内容应包含指派人、工作人员（负责人）、工作任务、工作地点、派工时间、工作结束时间、安全措施（注意事项）及完成情况等内容。

2. 工作票的填写与签发

（1）工作票由工作负责人填写，也可由工作票签发人填写。

（2）手工填写工作票、故障紧急抢修单时，应用黑色或蓝色的钢（水）笔或圆珠笔填写和签发，至少一式两份。工作票票面上的时间、工作地点、线路名称、设备双重名称（即设备名称和编号）、动词等关键字不得涂改。若有个别错、漏字需要修改、补充时，应使用规范的符号，字迹应清楚。用计算机生成或打印的工作票应使用统一的票面格式。

（3）由工作班组现场操作时，若不填用操作票，则应将设备的双重名称，线路的名称、杆号、位置及操作内容等按操作顺序填写在工作票上。

（4）工作票应由工作票签发人审核，手工或电子签发后方可执行。

（5）工作票由设备运维管理单位签发，也可由经设备运维管理单位审核合格且经批准的检修（施工）单位签发。检修（施工）单位的工作票签发人、工作负责人名单应事先送设备运维管理单位、调控中心备案。

（6）承、发包工程，工作票可实行双签发。签发工作票时，双方工作票签发人在工作票上分别签名，各自承担相应的安全责任。

（7）供电单位或施工单位到用户工程或设备上检修（施工）时，工作票应由有权签发的用户单位、施工单位或供电单位签发。

（8）一张工作票中，工作票签发人、工作许可人和工作负责人三者不得为同一人。工作许可人中只有现场工作许可人（作为工作班成员之一，进行该工作任务所需现场操作及做安全措施者）可与工作负责人相互兼任。若相互兼任，则应具备相应的资质，并履行相应的安全责任。

3. 工作票的使用

（1）以下情况可使用一张配电第一种工作票：

1）一条配电线路（含线路上的设备及其分支线，下同）或同一个电气连接部分的几条配电线路或同（联）杆塔架设、同沟（槽）敷设且同时停送电的几条配电线路。

2）不同配电线路经改造形成同一电气连接部分，且同时停送电者。

3）同一高压配电站、开闭所内，全部停电或属于同一电压等级、同时停送电、工作中不会触及带电导体的几个电气连接部分上的工作。

4）配电变压器及与其连接的高低压配电线路、设备上同时停送电的工作。

5）同一天在几处同类型高压配电站、开闭所、箱式变电站、柱上变压器等配电设备上依次进行的同类型停电工作。同一张工作票包含多点工作，工作票上的工作地点、线路名称、设备双重名称、工作任务、安全措施应填写完整。不同工作地点的工作应分栏填写。

6）若一张工作票中工作任务较多、工作地点较分散、涉及不同专业、不同班组时，应设多个工作小组，使用配电工作任务单。

（2）以下情况可使用一张配电第二种工作票：

1）同一电压等级、同类型、相同安全措施且依次进行的不同配电线路或不同工作地点上的不停电工作。

2）同一高压配电站、开闭所内，在几个电气连接部分上依次进行的同类型不停电工作。

（3）对同一电压等级、同类型、相同安全措施且依次进行的数条配电线路上的带电作业，可使用一张配电带电作业工作票。

（4）对同一个工作日、相同安全措施的多条低压配电线路或设备上的工作，可使用一张低压工作票。

（5）工作负责人应提前知晓工作票内容，并做好工作准备。

（6）工作许可时，一份工作票由工作负责人收执，其余留存工作票签发人或工作许可人处。工作期间，工作票应始终保留在工作负责人手中。

（7）一个工作负责人不能同时执行多张工作票。若一张工作票下设多个小组工作，则工作负责人应指定每个小组的小组负责人（监护人），并使用工作任务单。

（8）工作任务单应一式两份，由工作票签发人或工作负责人签发。工作任务单由工作负责人许可，一份由工作负责人留存，一份交小组负责人。工作结束后，由小组负责人向工作负责人办理工作结束手续。

（9）工作票上所列的安全措施应包括所有工作任务单上所列的安全措施。几个小组同时工作，使用工作任务单时，工作票的工作班成员栏内可只填写各工作任务单的小组负责人姓名。工作任务单上应填写本工作小组所有人员的姓名。

（10）一回线路检修（施工），邻近或交叉的其他电力线路需配合停电和接地时，应在工作票中列入相应的安全措施。若配合停电线路属于其他单位，应由检修（施工）单位事先提交书面申请，经配合停电线路的运维管理单位同意并实施停电、验电、接地。

（11）需要进入变电站或发电厂升压站进行架空线路、电缆等工作时，应增填工作票份数（按许可单位确定数量），分别经变电站或发电厂等设备运维管理单位的工作许可人许可，并留存。检修（施工）单位的工作票签发人和工作负责人名单应事先送至设备运维管理单位备案。

（12）在原工作票的停电及安全措施范围内增加工作任务时，应由工作负责人征得工作票签发人和工作许可人同意，并在工作票上增填工作项目。若需变更或增设安全措施，则应填用新的工作票，并重新履行签发、许可手续。

（13）变更工作负责人或增加工作任务时，若工作票签发人和工作许可人无法当面办理，则应通过电话联系，并在工作票登记簿和工作票上注明。

（14）在配电线路、设备上进行非电气专业工作（如电力通信工作等），应执行工作票制度，并履行工作许可、监护等相关安全组织措施。

（15）配电第一种工作票，应在工作前一天送达设备运维管理单位（包括通过信息系统送达）；通过传真送达的工作票，其工作许可手续应待正式工作票送到后履行。需要运维人员操作设备的配电带电作业工作票和需要办理工作许可手续的配电第二种工作票，应在工作前一天送达设备运维管理单位。

（16）已终结的工作票（含工作任务单）、故障紧急抢修单、现场勘察记录应至少保存 1 年。

（17）供电企业人员到客户侧工作需使用工作票时，工作票应实行双签发。供电方工作票签发人对工作的必要性和安全性、工作票上安全措施的正确性、所安排工作负责人和工作人员是否合适等内容负责。客户方工作票签发人对工作的必要性和安全性、工作票上安全措施的正确性等内容审核确认。

当客户无工作票签发人时，应委托供电企业或客户电气设备（工程）检修（施工）单位签发工作票。客户无工作许可人时，由供电企业工作票签发人指定有资格人员担任工作许可人。涉及用户侧设备需做措施和工作联系时，应由客户服务中心负责协调落实。

4. 工作票的有效期与延期

（1）配电工作票的有效期以批准的检修时间为限。批准的检修时间为调控中心或设备运维管理单位批准的开工至完工时间。

（2）办理工作票延期手续：应在工作票的有效期内，由工作负责人向工作许可人提出申请，得到同意后给予办理；不需要办理许可手续的配电第二种工作票，由工作负责人向工作票签发人提出申请，得到同意后给予办理。

（3）工作票只能延期一次，延期手续应记录在工作票上。

（4）带电作业工作票不得延期。

5. 工作票所列人员的基本条件

（1）工作票签发人应由熟悉人员技术水平、熟悉配电网络接线方式、熟悉设备情况、熟悉《配电安规》，并具有相关工作经验的生产领导、技术人员或经本单位批准的人员担任，名单应公布。

（2）工作负责人应由有本专业工作经验、熟悉工作范围内的设备情况、熟悉《配电安规》，并经专业室（车间，下同）批准的人员担任，名单应公布。

（3）工作许可人应由熟悉配电网络接线方式、熟悉工作范围内的设备情况、熟悉《配电安规》，并经专业室批准的人员担任，名单应公布。工作许可人包括值班调控人员、运维人员、相关变（配）电站［含用户变（配）电站］和发电厂运维人员、配合停电线路许可人及现场许可人等。

（4）专责监护人应由具有相关专业工作经验，熟悉工作范围内的设备情况和《配电安规》的人员担任。

（5）外包工程（业务）工作票双签发人和工作负责人需报设备运行管理单位备案。省管产业单位工作票签发人和工作负责人需报主办单位备案。

6. 工作票所列人员的安全责任

（1）工作票签发人的安全责任：

1）确认工作的必要性和安全性。

2）确认工作票上所列安全措施正确完备。

3）确认所派工作负责人和工作班成员适当、充足。

（2）工作负责人的安全责任：

1）正确组织工作。

2）检查工作票所列安全措施是否正确完备，是否符合现场实际条件，必要时予以补充完善。

3）工作前，对工作班成员进行工作任务、安全措施交底和危险点告知，并确认每个工作班成员都已签名。

4）组织执行工作票所列由其负责的安全措施。

5）监督工作班成员遵守《配电安规》，正确使用劳动防护用品和安全工器具以及执行现场安全措施。

6）关注工作班成员身体状况和精神状态是否出现异常迹象，人员变动是否合适。

（3）工作许可人的安全责任：

1）审票时，确认工作票所列安全措施是否正确完备，对工作票所列内容产生疑问时，应向工作票签发人询问清楚，必要时予以补充。

2）保证由其负责的停、送电和许可工作的命令正确。

3）确认由其负责的安全措施被正确实施。

（4）专责监护人的安全责任：

1）明确被监护人员和监护范围。

2）工作前，对被监护人员交待监护范围内的安全措施、告知其危险点和安全注意事项。

3）监督被监护人员遵守《配电安规》和执行现场安全措施，及时纠正被监护人员的不安全行为。

（5）工作班成员的安全责任：

1）熟悉工作内容、工作流程，掌握安全措施，明确工作中的危险点，并在工作票上履行交底签名确认手续。

2）服从工作负责人（监护人）、专责监护人的指挥，严格遵守《配电安规》和劳动纪律，在指定的作业范围内工作，对自己在工作中的行为负责，互相关心工作安全。

3）正确使用施工机具、安全工器具和劳动防护用品。

三、工作许可制度

（1）各工作许可人应在完成工作票所列由其负责的停电和装设接地线等安全措施后，方可发出许可工作的命令。

（2）值班调控人员、运维人员在向工作负责人发出许可工作的命令前，应记录工作班组名称、工作负责人姓名、工作地点和工作任务。

（3）现场办理工作许可手续前，工作许可人应与工作负责人核对线路名称、设备双重名称，检查核对现场安全措施，指明保留带电部位。

（4）填用配电第一种工作票的工作，应得到全部工作许可人的许可，并由工作负责人确认工作票所列当前工作所需的安全措施全部完成后，方可下令开始工作。所有许可手续（工作许可人姓名、许可方式、许可时间等）均应记录在工作票上。

（5）带电作业需要停用重合闸（含已处于停用状态的重合闸），应向调控人员申请并履行工作许可手续。

（6）填用配电第二种工作票的配电线路工作，可不履行工作许可手续。

（7）用户侧设备的检修，需电网侧设备配合停电时，应得到用户停送电联系人的书面申请，经批准后方可停电。在电网侧设备停电措施实施后，由电网侧设备的运维管理单位或调控中心负责向用户停送电联系人许可。恢复送电，应在接到用户停送电联系人的工作结束报告，并做好录音并记录后方可进行。

（8）在用户设备上工作，许可工作前，工作负责人应检查确认用户设备的运行状态、安全措施符合作业的安全要求。作业前应检查确认多电源和有自备电源的用户已采取机械或电气联锁等防反送电的强制性技术措施。

（9）许可开始工作的命令应通知工作负责人。其方法可采用：

1）当面许可。工作许可人和工作负责人应在工作票上记录许可时间，并分别签名。

2）电话许可。工作许可人和工作负责人应分别记录许可时间和双方姓名，并复诵核对无误。

（10）工作负责人、工作许可人任何一方不得擅自变更运行接线方式和安全措施，工作中若有特殊情况需要变更时，应先取得对方同意并及时恢复，变更情况应及时记录在值班日志或工作票上。

（11）禁止约时停、送电。

四、工作监护制度

（1）工作许可后，工作负责人、专责监护人应向工作班成员交待工作内容、人员分工、带电部位和现场安全措施，告知危险点，并履行签名确认手续，方可下达开始工作的命令。

（2）工作负责人、专责监护人应始终在工作现场。

（3）检修人员（包括工作负责人）不宜单独进入或滞留在高压配电室、开闭所等带电设备区域内。若工作需要（如测量极性、回路导通试验、光纤回路检查等），而且现场设备允许时，可以准许工作班中有实际经验的一个人或几人同时在他室进行工作，但工作负责人应在事前详尽告知有关安全注意事项。

（4）工作票签发人、工作负责人对有触电危险、检修（施工）复杂容易发生事故的工作，应增设专责监护人，并确定其监护的人员和工作范围。专责监护人不得兼做其他工作。专责监护人临时离开时，应通知被监护人员停止工作或离开工作现场，待专责监护人回来后方可恢复工作。专责监护人需长时间离开工作现场时，应由工作负责人变更专责监护人，履行变更手续，并告知全体被监护人员。

（5）工作期间，工作负责人若需暂时离开工作现场，应指定能胜任的人员临时代替，离开前应将工作现场交待清楚，并告知全体工作班成员。原工作负责人返回工作现场时，也应履行同样的交接手续。工作负责人若需长时间离开工作现场时，应由原工作票签发人变更工作负责人，履行变更手续，并告知全体工作班成员及所有工作许可人。原、现工作负责人应履行必要的交接手续，并在工作票上签名确认。

（6）工作班成员的变更应经工作负责人的同意，并在工作票上做好变更记录；中途新加入的工作班成员，应由工作负责人、专责监护人对其进行安全交底并履行确认手续。

五、工作间断、转移制度

（1）工作中，遇雷、雨、大风等情况威胁到工作人员的安全时，工作负责人或专职监护人应下令停止工作。

（2）工作间断，若工作班离开工作地点，应采取措施或派人看守，不让人、畜接近挖好的基坑或未竖立稳固的杆塔以及负载的起重和牵引机械装置等。

（3）工作间断，工作班离开工作地点时，若接地线保留不变，恢复工作前应检查确认接地线完好；若拆除接地线，则在恢复工作前应重新验电、装设接地线。

（4）使用同一张工作票依次在不同工作地点转移工作时，若工作票所列的安全措施在开工前一次做完，则在工作地点转移时不需要再分别办理许可手续；若工作票所列的停电、接地等安全措施随工作地点转移，则每次转移均应分别履行工作许可、终结手续，依次记录在工作票上，并填写使用的接地线编号、装拆时间、位置等随工作地点转移的情况。工作负责人在转移工作地点时，应逐一向工作人员交待带电范围、安全措施和注意事项。

（5）一条配电线路分区段工作，若填用一张工作票，经工作票签发人同意，在线路检修状态下，由工作班自行装设的接地线等安全措施可分段执行。工作票上应填写使用的接地线编号、装拆时间、位置等随工作区段转移的情况。

六、工作终结制度

（1）工作完工后，应清扫整理现场，工作负责人（包括小组负责人）应检查工作地段的状况，确认工作的配电设备和配电线路的杆塔、导线、绝缘子及其他辅助设备上没有遗留个人保安线和其他工具、材料，查明全部工作人员确由线路、设备上撤离后，再命令拆除由工作班自行装设的接地线等安全措施。接地线拆除后，任何人不得再登杆工作或在设备上工作。

（2）工作地段所有由工作班自行装设的接地线被拆除后，工作负责人应及时向相关工作许可人（含配合停电线路、设备许可人）报告工作终结。

（3）多小组工作，工作负责人应在得到所有小组负责人工作结束的汇报后，方可与工作许可人办理工作终结手续。

（4）工作终结报告应按以下方式进行：

1）当面报告。

2）电话报告，并经复诵无误。

（5）工作终结报告应简明扼要，主要包括下列内容：工作负责人姓名，某线路（设备）上某处（说明起止杆塔号、分支线名称、位置称号、设备双重名称等）工作已经完工，所修项目、试验结果、设备改动情况和存在问题等，工作班自行装设的接地线已全部拆除，线路（设备）上已无本班组工作人员和遗留物。

（6）工作许可人在接到所有工作负责人（包括用户）的终结报告，并确认所有工作已完毕，所有工作人员已撤离，所有接地线已拆除，与记录簿核对无误并做好记录后，方可下令拆除各侧安全措施。

七、配电工作票的填写与执行

（1）单位名称填写国家电网公司规范简称；班组名称填写全称；姓名填写全名；时间采用 24h 格式，精确到分。

（2）电子签发按系统设置自动编号；手工签发的工作票（包括附属票单）也应统一编号。

（3）线路、设备双重名称。

1）工作票中涉及的电力线路和配电设备应填写双重名称和电压等级。设备双重名称应按照各级调控、运检等部门书面公布的文件为准。

2）只有支线停电，则填写干线和支线的全称。

3）若系同杆架设多回线路，则填写停电线路的双重称号（即线路双重名称和位置称号，位置称号指上线、中线或下线和面向杆塔号增加方向的左线或右线）。

（4）工作班组及人员。

1）班组：指参加工作的班组名称，多班组工作填写所有工作班组的名称。

2）工作负责人：指负责组织该项工作的负责人。若多班组同时工作时，填写总工作负责人的姓名。

3）工作班成员：

a. 工作班成员不包括工作负责人。

b. 多班组工作填写每个班组的小组负责人；单一班组工作时，人数不超过5人时填写全部人员，人数超过5人时填写5名主要岗位人员。

（5）工作任务。

1）工作地点或设备应填写变（配）电站、线路名称、设备双重名称及工作地段的起止杆号。

2）工作内容填写应简明扼要，与工作地点或设备对应。

3）如果使用了工作任务单，在工作票上只填写主要任务，但在工作任务单中应填写各小组详细的工作任务。

（6）计划工作时间：应填写经批准的计划工作时间。

（7）简图。

1）高低压线路、设备需停电或做安全措施的作业，应附简图。其他作业工作票签发人认为必要时可附简图。

2）简图应以电力线路单线图表示，要求简单清晰、直观明了。

3）简图应包括工作线路、邻近带电线路、需做安全措施的交叉跨越线路、其他配合停电线路和接地线装设位置等。简图中有电部位宜用红色表示。图例参照 DL 5028—2015《电力工程制图标准》。

（8）安全措施。

1）配电线路、设备检修所需的线路、设备状态改变，均由待检修线路、设备的运维单位（简称运维单位）负责实施。工程（业务）外包时，工作班完成的安全措施和装设（拆除）的接地线由工作许可人负责实施。

2）调控或运维人员（变配电站、发电厂）应采取的安全措施：

a. 调控管辖设备，由运维单位向调控提出申请，调控根据申请，将线路、设备改为所需的状态。应填写线路、设备名称及状态，将部分线路改变状态的，应说明线路起止杆号。

b. 由调度下令将开闭所、高压配电站、环网柜改为检修状态的，填写线路间隔双重名称。每个线路间隔应分行填写，并在行首用数字按顺序编号。

c. 工作负责人确认安全措施已完成后，在"已执行"栏打钩。

3）工作班完成的安全措施：

a. 自行操作的断路器、隔离开关、高压跌落熔丝等设备，应注明设备双重名称及所处的杆号（位置）。自行操作的配电变压器低压开关、刀闸或熔断器（包括路灯照明）等，应注明配电变压器的双重名称及所处杆号（位置）。

b. 拉开的高压跌落熔丝，注明摘下熔管或悬挂标示牌。拉开的开关、刀闸操作机构把手或开关、刀闸的操作处杆（塔）上应悬挂标示牌。

c. 进行地面配电设备部分停电的工作，人员距离设备小于表 2-1 的未停电设备，应增设临时围栏。临时围栏与带电部分的距离不得小于表 2-3 的规定。

d. 断路器、隔离开关的拉合操作和检查位置，验电和装设接地线的操作应分行填写，并在行首用数字按顺序编号。同一类型安全措施的所有设备允许连续填写，中间用顿号隔开。

e. 工作负责人确认安全措施已完成后，在"已执行"栏打钩。

4）工作班完成装设（或拆除）的接地线：接地线装设位置应注明线路名称或设备双重名称及杆号和方向，每副接地线单独一行，接地线装设完成应填写接地线的编号、装设时间，拆除后应填写拆除时间。

5）配合停电线路应采取的安全措施：

a. 配合停电线路应采取的安全措施应填写线路、设备名称、起止杆号、接地线位置、警示牌名称及位置。

b. 每个配合停电线路应分行填写，并在行首用数字按顺序编号。

c. 工作负责人确认安全措施已完成后，在"已执行"栏打钩。

6）保留或邻近的带电线路、设备及安全措施：

a. 工作地段邻近、平行、交叉或同杆架设的未停电线路的双重名称（多回路应说明双重称号和色标）、保持的安全距离和防感应电措施。

b. 线路上的柱上断路器、刀闸或跌落熔断器，当拉开后一侧有电、一侧无电，应视为带电设备。

c. 对部分带电线路、设备应注明杆号或设备双重命名及方位，在简图中用红色标明。

7）其他安全措施和注意事项：

a. 根据现场实际和勘察结果，工作负责人根据现场实际情况补充的非触电安全措施和安全注意事项（如防倒杆、防高坠、防中毒窒息、防机械伤害及物体打击等）。作业现场的生产条件包括勘察发现的隐患、缺陷情况等，以及安全设施状况，作业现场所处的地形、地貌、环境条件以及其他危险点。

b. 在城区、人口密集区地段或交通道口施工时，工作场所周围装设的遮栏（围栏）。通行道路上施工时应设交通警告标志，必要时派专人看管。

c. 多班组、多专业工作配合时的安全注意事项。

8）工作票审核。

a. 工作票签发人审核所填项目无误后签名并填写签发时间。在承、发包工程及用户设备上工作，双方签发人对各自负责的内容审核后先后签名，签发时间由后签发人填写。

b. 工作票签发人签发工作票后交工作负责人，工作负责人核对无误后签名，并记录收到时间。

9）其他安全措施和注意事项补充、现场补充的安全措施：工作负责人或工作许可人到现场后根据现场变化情况进行补充。

（9）工作许可。

1）许可的线路或设备应填写线路名称或设备双重名称。

2）许可方式填写采用电话或当面。电话许可时工作许可人和工作负责人应分别记录许可时间和双方姓名，复诵核对无误，保留通话记录。

（10）工作任务单登记：登记的信息应同工作任务单保持一致。

（11）现场交底。

1）工作班成员在明确工作负责人交待的工作内容、人员分工、带电部位、安全措施、危险点和注意事项后，在工作票上确认签名。

2）多小组工作时，小组负责人应参加工作负责人组织的现场交底并在工作票上签名。工作小组成员参加小组负责人组织的现场交底，并在工作任务单上签名确认。

（12）人员变更。

1）工作负责人变动情况：

a. 工作负责人的变更应得到工作票签发人同意，工作票签发人应将变更情况通知工作许可人，并在工作票上填写姓名及时间。若工作票签发人不能到现场，由新工作负责人代签名。

b. 原工作负责人应向新工作负责人交待清楚现场工作情况和安全技术措施情况，同时将新工作负责人的姓名通知全体工作班成员，并在工作票上注明变更时间，双方签名后将工作票移交给新工作负责人。

c. 工作负责人只能变动一次。

2）工作人员变动情况。工作班成员变更应经工作负责人同意，离开人员在工作票上签名。工作负责人必须向新进人员进行工作任务和安全措施等交底，新进人员在明确工作内容、人员分工、带电部位、安全措施和危险点，并在工作票上签名后方可参加工作。工作负责人填写变更时间及签名。

（13）工作票延期。

1）配电第一种工作票工作负责人应提前向工作许可人提出延期申请，提前时间应能够保证申请手续按程序顺利进行（包括有关设备操作、方式安排以及通知用户等）。批准后，工作负责人和工作许可人应在工作票上分别签名并填写有效期延长时间、批准时间。

2）配电第二种工作票应在有效时间尚未结束以前由工作负责人向工作许可人提出申请，经同意后给予办理。不需要办理许可手续的工作，应由工作负责人向工作票签发人提出申请。

3）配电带电作业工作票不准延期。

4）低压工作票的延期手续，停电工作参照配电第一种工作票办理，不停电工作参照配电第二种工作票办理。延期手续填写在工作票备注栏。

（14）每日开工和收工记录。

1）每日收工，工作负责人和工作许可人应分别签名，并填写收工时间。

2）每日开工前，工作负责人和工作许可人应共同核对现场安全措施，确认无误后，双方签名并填写开工时间。

（15）工作终结。

1）工作结束。完工后，工作负责人应检查线路检修地段状况，确认工作的配电设备和配电线路的杆塔、导线、绝缘子及其他辅助设备上没有遗留个人保安线和其他工具、材料，查明全部工作人员确已从线路、设备上撤离后，再命令拆除工作班所挂的接地线、个人保安线，并填写拆除接地线、个人保安线的数量。

多个小组工作，工作负责人应得到所有小组负责人工作结束的汇报，待所有工作任务单全部终结并收回后，方可认为工作结束。

2）工作终结报告。工作结束后，工作负责人向所有工作许可人办理工作终结手续，双方确认签名后填写终结报告时间。

（16）备注。

1）由工作票签发人或工作负责人填写指定专责监护人姓名、被监护人员姓名以及具体工作内容、地点。

2）其他事项。

a. 填写工作负责人因故暂时离开工作现场，指定临时替代人员及履行交接手续。

b. 由工作负责人填写专责监护人变更情况。

c. 与本工作票有关的其他事项。

（17）配电工作任务单填写与执行补充要求。

专责监护人由工作负责人根据需要指定。

（18）配电第二种工作票填写与执行补充要求。

1）工作条件应填写满足表 2-1、表 2-3、表 1-3、表 1-4 最小安全距离的校核结果，指明带电部位，安全设施状况，作业现场所处的地形、地貌、环境条件以及其他危险点。不得用"保持足够安全距离""注意带电设备""注意安全"等含糊词句。

2）安全措施填写非触电安全措施和安全注意事项（如防倒杆、防高坠、防中毒窒息、防机械伤害、防物体打击及交通安全措施等）。

（19）配电带电作业工作票填写与执行补充要求。

1）工作任务。工作票签发人应明确工作内容及人员的具体分工，工作内容应详细注明电位、中间电位、地电位等作业方式。配电带电作业每个作业点都应设专责监护人。

2）其他危险点预控措施和注意事项。由工作票签发人填写，内容包括：① 邻近带电设备情况；② 工作人员的绝缘服、绝缘毯及所使用的带电工器具情况；③ 遮栏、标示牌悬挂情况；④ 相关设备的运行情况、安全距离；⑤ 防止发生事故的其他安全措施等。

3）工作许可和终结。

a. 带电作业负责人在带电作业工作开始前，应与调控联系。需要调控停用重合闸（含已处于停用状态的重合闸）的作业，应由调控值班员履行工作许可手续。

b. 作业点负荷侧需要停电的线路、设备，及装设安全遮栏（围栏）和悬挂标志牌的作业，应与相应的设备运维管辖单位联系，确认措施落实后，履行工作许可手续。

（20）配电故障紧急抢修单填写与执行补充要求。

1）故障紧急抢修单由抢修工作负责人根据抢修任务布置人布置的抢修任务填写。

2）抢修工作负责人不能兼做其他工作，必须始终在现场监护。

3）工作许可和终结。

a. 抢修工作外包时，工作许可人应由运维单位人员担任。

b. 抢修工作结束时，应将抢修后改变的现场设备状况及保留安全措施在抢修单上做好记录。

（21）低压工作票填写与执行补充要求。

1）停电工作安全措施填写参照配电第一种工作票。

2）不停电工作安全措施应填写防触电、防相间短路、防接地短路、防电弧灼伤等相关措施。

第二节　保证安全的技术措施

在配电线路和设备上工作时，保证安全的技术措施有停电、验电、接地、悬挂标示牌和装设遮栏（围栏）。

一、停电

（1）工作地点应停电的线路和设备包括：

1）检修的配电线路或设备。

2）与检修配电线路、设备相邻，安全距离小于表 2-3 规定的运行线路或设备。

表 2-3　　　　　作业人员工作中正常活动范围与高压线路、设备带电部分的安全距离

电压等级（kV）	安全距离（m）
10 及以下	0.35
20、35	0.60

3）大于表 2-3、小于表 2-1 规定的安全距离且无绝缘遮蔽或安全遮栏措施的设备。

4）危及线路停电作业安全，且不能采取相应安全措施的交叉跨越、平行或同杆（塔）架设线路。

5）有可能从低压侧向高压侧反送电的设备。

6）工作地段内有可能反送电的各分支线（包括用户）。

7）其他需要停电的线路或设备。

（2）检修线路、设备停电，应把工作地段内所有可能来电的电源全部断开（任何运行中星形接线设备的中性点，应视为带电设备）。

（3）停电时应拉开隔离开关，手车开关应拉至试验或检修位置，使停电的线路和设备各端都有明显断开点。若无法观察到停电线路、设备的断开点，应有能够反映线路、设备运行状态的电气和机械等指示。无明显断开点也无电气、机械等指示时，应断开上一级电源。

（4）对难以做到与电源完全断开的检修线路、设备，可拆除其与电源之间的电气连接。禁止在只经断路器断开电源且未接地的高压配电线路或设备上工作。

（5）两台及以上配电变压器低压侧共用一个接地引下线时，其中任意一台配电变压器停电检修，其他配电变压器也应停电。

（6）高压开关柜前后间隔没有可靠隔离的，工作时应同时停电。电气设备直接连接在母线或引线上的，设备检修时应将母线或引线停电。

（7）低压配电线路和设备检修时，应断开所有可能来电的电源（包括断开电源侧和用户侧连接线），对工作中有可能触碰的相邻带电线路、设备应采取停电或绝缘遮蔽措施。

（8）可直接在地面操作的断路器、隔离开关的操动机构应加锁；不能直接在地面操作的断路器、隔离开关应悬挂"禁止合闸，有人工作！"或"禁止合闸，线路有人工作！"的标示牌。熔断器的熔管应摘下或悬挂"禁止合闸，有人工作！"或"禁止合闸，线路有人工作！"的标示牌。

二、验电

（1）配电线路和设备停电检修，接地前，应使用相应电压等级的接触式验电器或测电笔，在装设接地线或合接地刀闸处逐相分别验电。室外低压配电线路和设备验电宜使用声光验电器。架空配电线路和高压配电设备验电应有人监护。

（2）高压验电前，验电器应先在有电设备上试验，确证验电器良好；无法在有电设备上试验时，可用工频高压发生器等确证验电器良好。低压验电前应先在低压有电部位上试验，以验证验电器或测电笔良好。

（3）高压验电时，人体与被验电的线路、设备的带电部位应保持表 2-1 规定的安全距离。使用伸缩式验电器时，绝缘棒应拉到位，验电时手应握在手柄处，不得超过护环，宜戴绝缘手套。雨雪天气室外设备宜采用间接验电；若直接验电，应使用雨雪型验电器，并戴绝缘手套。

（4）对同杆（塔）塔架设的多层电力线路验电，应先验低压、后验高压，先验下层、后验上层，先验近侧、后验远侧。禁止作业人员越过未经验电、接地的线路对上层、远侧线路验电。

（5）检修联络用的断路器、隔离开关时，应在两侧验电。

（6）低压配电线路和设备停电后，检修或装表接电前，应在与停电检修部位或表计电气上直接相连的可验电部位验电。

（7）对无法直接验电的设备，应间接验电，即通过设备的机械位置指示、电气指示、带电显示装置、仪表及各种遥测、遥信等信号的变化来判断。判断时，至少应有两个非同样原理或非同源的指示发生对应变化，且所有这些确定的指示均已同时发生对应变化，方可确认该设备已无电压。检查中若发现其他任何信号有异常，均应停止操作，并查明原因。若遥控操作，可采用上述的间接方法或其他可靠的方法间接验电。

三、接地

（1）当验明确已无电压后，应立即将检修的高压配电线路和设备接地并三相短路，工作地段各端和工作地段内有可能反送电的各分支线都应接地。

（2）当验明检修的低压配电线路、设备确已无电压后，至少应采取以下措施之一防止反送电：

1）所有相线和零线接地并短路。

2）绝缘遮蔽。

3）在断开点加锁、悬挂"禁止合闸，有人工作！"或"禁止合闸，线路有人工作！"的标示牌。

（3）配合停电的交叉跨越或邻近线路，在线路的交叉跨越或邻近处附近应装设一组接地线。配合停电的同杆（塔）架设线路应装设接地线，并要求与检修线路相同。

（4）装设、拆除接地线应有人监护。

（5）在配电线路和设备上，接地线的装设部位应是与检修线路和设备电气直接相连并去除油漆或绝缘层的导电部分。绝缘导线的接地线应装设在验电接地环上。

（6）禁止作业人员擅自变更工作票中指定的接地线位置，若需变更则应由工作负责人征得工作票签发人或工作许可人同意，并在工作票上注明变更情况。

（7）作业人员应在接地线的保护范围内作业。禁止在无接地线或接地线装设不齐全的情况下进行高压检修作业。

（8）装设、拆除接地线均应使用绝缘棒并戴绝缘手套，人体不得碰触接地线或未接地的导线。

（9）装设的接地线应接触良好、连接可靠。装设接地线应先接接地端、后接导体端，拆除接地线的顺序与此相反。

（10）装设同杆（塔）架设的多层电力线路接地线时，应先装设低压、后装设高压，先装设下层、后装设上层，先装设近侧、后装设远侧。拆除接地线的顺序与此相反。

（11）电缆及电容器接地前应逐相充分放电，星形接线电容器的中性点应接地，串联电容器及与整组电容器脱离的电容器应逐个充分放电。电缆作业现场应确认检修电缆至少有一处已可靠接地。

（12）对于因交叉跨越、平行或邻近带电线路、设备导致检修线路或设备可能产生感应电压时，应加装接地线或使用个人保安线，加装（拆除）的接地线应记录在工作票上，个人保安线由作业人员自行装拆。

（13）成套接地线应用有透明护套的多股软铜线和专用线夹组成，接地线截面积应满足装设地点短路电流的要求，且高压接地线的截面积不得小于 $25mm^2$，低压接地线和个人保安线的截面积不得小于 $16mm^2$。接地线应使用专用的线夹固定在导体上，禁止用缠绕的方法接地或短路。禁止使用其他导线接地或短路。

（14）杆塔无接地引下线时，可采用截面积大于 $190mm^2$（如 $\phi16mm$ 圆钢）、地下深度大于 0.6m 的临时接地体。土壤电阻率较高地区如岩石、瓦砾、沙土等，应采取增加接地体根数、长度、截面积或埋地深度等措施改善接地电阻。

（15）接地线、接地刀闸与检修设备之间不得连有断路器或熔断器。若由于设备原因，接地刀闸与检修设备之间连有断路器，则在接地刀闸和断路器合上后，应有保证断路器不会分闸的措施。

（16）低压配电设备、低压电缆、集束导线停电检修，无法装设接地线时，应采取绝缘遮蔽或其他可靠隔离措施。

四、悬挂标示牌和装设遮栏（围栏）

（1）在工作地点或检修的配电设备上悬挂"在此工作！"标示牌；配电设备的盘柜检修、查线、试验、定值修改输入等工作，宜在盘柜的前后分别悬挂"在此工作！"标示牌。

（2）工作地点有可能误登、误碰的邻近带电设备，应根据设备运行环境悬挂"止步，高压危险！"等标示牌。

（3）在一经合闸即可送电到工作地点的断路器和隔离开关的操作处或机构箱门锁把手上及熔断器操作处应悬挂"禁止合闸，有人工作！"标示牌；若线路上有人工作，应悬挂"禁止合闸，线路有人工作！"标示牌。

（4）由于设备原因，接地刀闸与检修设备之间连有断路器，在接地刀闸和断路器合上后，在断路器的操作处或机构箱门锁把手上应悬挂"禁止分闸！"标示牌。

（5）高压开关柜内手车开关拉出后，隔离带电部位的挡板应可靠封闭，禁止开启，并设置"止步，高压危险！"标示牌。

（6）配电线路、设备检修时，在显示屏上断路器或隔离开关的操作处应设置"禁止合闸，有人工作！"或"禁止合闸，线路有人工作！"以及"禁止分闸！"标记。

（7）高低压配电室、开闭所部分停电检修或新设备安装时，应在工作地点两旁及对面运行设备间隔的遮栏（围栏）上和禁止通行的过道遮栏（围栏）上悬挂"止步，高压危险！"标示牌。

（8）配电站户外高压设备部分停电检修或新设备安装时，应在工作地点四周装设围栏，其出入口要围至邻近道路旁边，并设有"从此进出！"标示牌。工作地点四周围栏上悬挂适当数量的"止步，高压危险！"标示牌，标示牌应朝向围栏外面。若配电站户外高压设备大部分停电，只有个别地点保留有带电设备而其他设备无触及带电导体的可能时，可以在带电设备四周装设全封闭围栏，围栏上悬挂适当数量的"止步，高压危险！"标示牌，标示牌应朝向围栏外面。

（9）部分停电的工作，小于表2–1规定距离以内的未停电设备应装设临时遮栏，临时遮栏与带电部分的距离不得小于表2–3的规定数值。临时遮栏可用坚韧绝缘材料制成，装设应牢固，并悬挂"止步，高压危险！"标示牌。

（10）低压开关（熔丝）拉开（取下）后，应在适当位置悬挂"禁止合闸，有人工作！"或"禁止合闸，线路有人工作！"标示牌。

（11）配电设备检修时，若无法保证安全距离或因工作特殊需要，可用与带电部分直接接触的绝缘隔板代替临时遮栏。

（12）在城区、人口密集区或交通道口和通行道路上施工时，工作场所周围应装设遮栏（围栏），并在相应部位装设警告标示牌，必要时派人看管。

（13）禁止越过遮栏（围栏）。

（14）禁止作业人员擅自移动或拆除遮栏（围栏）、标示牌。因工作原因需短时移动或拆除遮栏（围栏）、标示牌时，应有人监护。完毕后应立即恢复。

第三章

作业项目安全风险管控

第一节 概 述

本节依据国家电网有限公司发布的《作业安全风险管控工作规定》《安全风险管理工作基本规范（试行）》《生产作业风险管控工作规范（试行）》《供电企业安全风险评估规范》及辨识防范手册，阐述作业项目安全风险控制的职责与分工、计划编制、风险识别、评估定级、现场实施等要求，遵循"全面评估、分级管控"的工作原则，并依托安全生产风险管控平台（简称平台，含移动App）实施全过程管理，形成"流程规范、措施明确、责任落实、可控在控"的安全风险管控机制。

作业项目安全风险管控流程包括计划管理、风险辨识、风险评估、风险公示、风险控制、检查与改进等环节。

安监部门负责建立健全本单位作业风险评估、管控及督查工作机制；组织、协调和督导本单位作业风险管控工作，对所属单位作业风险评估定级、公示、管控措施制定和落实情况开展监督检查和评价考核，牵头组织风险管控工作督查会议。

运检、营销、建设、调控中心等专业部门负责组织本专业作业计划编制、风险评估定级、管控措施落实等工作；按要求组织开展到岗到位工作；参加风险管控工作督查会议。

二级机构（工区、项目部）负责组织实施作业风险管控工作，编制并上报作业计划，按照批复的作业计划组织落实风险预控、作业准备、作业实施、到岗到位等各环节安全管控措施和要求。

班组负责落实现场勘察、风险评估、"两票"执行、班前（后）会、安全交底、作业监护等安全管控措施和要求。

作业风险管控工作流程如图 3-1 所示。

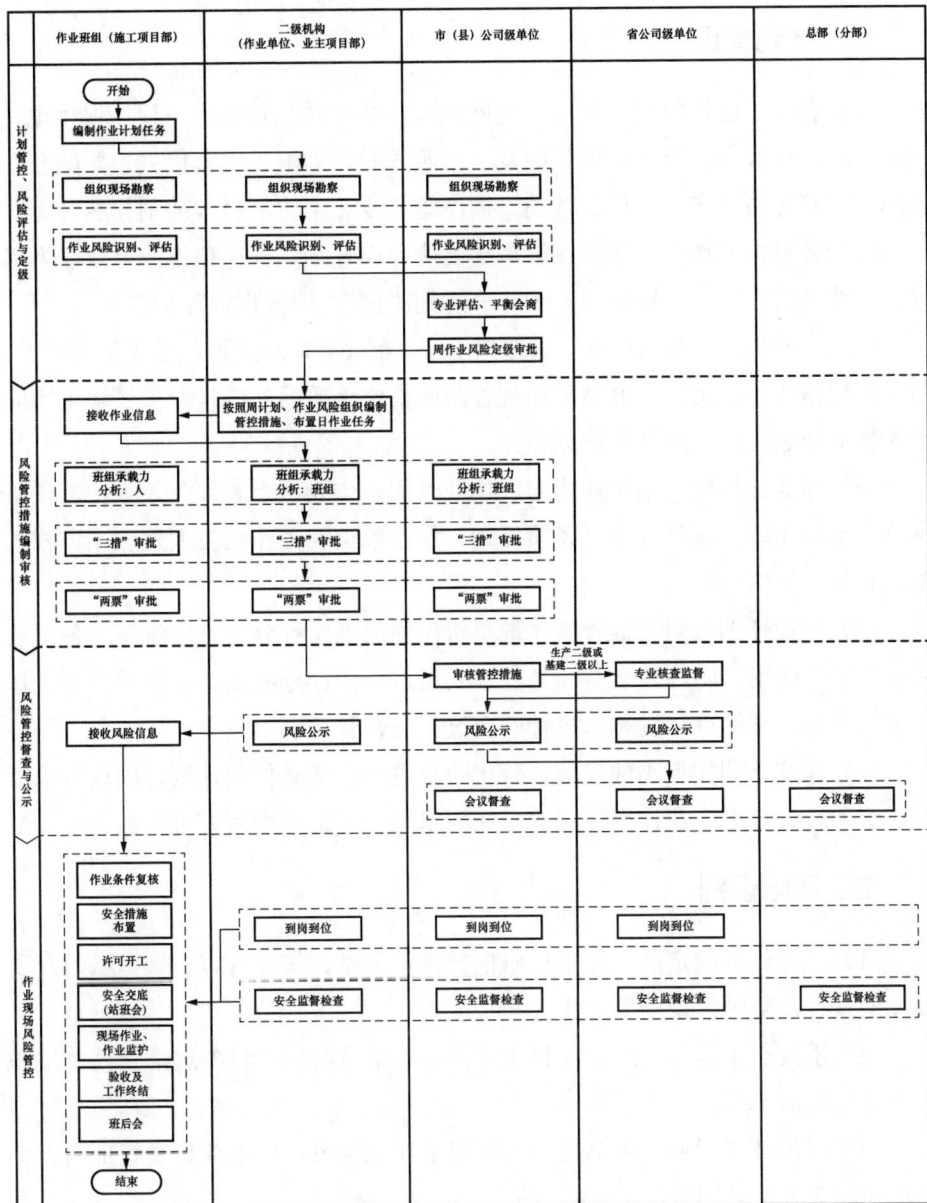

图 3-1 作业风险管控工作流程图

第二节 作业安全风险辨识与控制

一、计划管理

（1）各单位应根据设备状态、电网需求、基建技改及用户工程、保供电、气候特点、承载力、物资供应等因素，按照作业计划编制"六优先、九结合"原则，统筹协调生产、建设、营销、调度等各专业工作，科学编制作业计划。

（2）各单位的作业任务应统筹考虑月度停电计划、管理和作业承载能力等情况，按"周"进行平衡安排，细化分解到"日"，形成作业计划。

（3）生产作业、营销作业、输变电工程、配（农）网建设、迁改工程施工、信息通信作业，以及送变电公司和省管产业单位承揽的外部建设项目施工均应纳入作业计划管控，严禁无计划作业。

（4）作业计划应包括作业内容、作业时间、作业地点、作业人数、工作票种类、专业类型、风险等级、风险要素、作业单位、工作负责人及联系方式、到岗到位人员信息等内容。

（5）作业计划按照"谁管理、谁负责"的原则实行分层分级管理。各单位应结合平台应用，明确各专业计划管理人员，健全计划编制、审批和发布工作机制，严格计划编审、发布与执行的全过程监督管控。

（6）作业计划实行刚性管理，禁止随意更改和增减作业计划，确属特殊情况需追加或者变更作业计划，应按专业要求履行审批手续后方可实施。

二、风险识别

（1）作业任务确定后，各单位应根据作业类型、作业内容，规范组织开展现场勘察、危险因素识别等工作。

（2）承发包工程作业应由项目主管部门、单位组织，设备运维管理单位和作业单位共同参与。

（3）对涉及多专业、多单位的大型复杂作业项目，应由项目主管部门、单位组织相关人员共同参与。

作业项目风险因素如表3-1所示。

表 3-1 　　　　　　　　　　作业项目风险因素表

序号	评估类别	危险因素
一		触电伤害
（一）	误入、误登带电设备	（1）设备检修时，工作人员与带电部位的安全距离小于规定值，造成人员触电
		（2）悬挂标示牌和装设遮（围）栏不规范，造成人员触电。如：标示牌缺少、数量不足或朝向不正确，装设遮（围）栏不满足现场安全的实际要求等
		（3）高压设备的隔离措施不规范，造成误入带电设备触电。如：遮栏不稳固，高度不足，未加锁等
		（4）对难以做到与电源完全断开的检修设备未采取有效措施，造成人员触电
		（5）高压开关柜易误碰有电设备的孔洞，隔离措施不规范，造成人员触电。如：手车开关的隔离挡板缺失、损坏，封闭不严，封闭式组合电器引出电缆备用孔或母线的终端备用孔未采取隔离措施等
		（6）工作票上安全措施不正确完备，造成人员触电。如：应拉断路器、隔离开关等未拉开，有来电可能的地点漏挂接地线等
		（7）检修设备停电，未能把各方面的电源完全断开，造成人员触电。如：星形接线设备的中性点隔离开关未拉开，检修设备没有明显断开点，有反送电可能的设备与检修设备之间未断开等
		（8）高压设备名称、编号标志设置不规范、不齐全造成误入、误登带电设备触电。如：设备标牌脱落、字迹不清、更换名称标牌不及时等
		（9）现场安全交底内容不清楚，造成人员触电。如：工作负责人布置工作任务时未向工作班成员交待杆塔双重名称及编号，工作班成员登杆前未核对双重称号和标志导致误登带电杆塔触电
		（10）忽视对外协工作人员、临时工的安全交底，造成人员触电。如：使用少量的外协工作人员、临时工时，未进行安全交底
		（11）检修人员擅自工作或不在规定的工作范围内工作，误入、误登带电间隔，造成人员触电。如：无票工作、未经许可工作、擅自扩大工作范围、在安全遮（围）栏外工作等
		（12）杆塔上传递材料时的安全距离不符合要求，造成人员触电。如：同杆架设多回路单回停电、平行、邻近、交叉带电杆塔上工作传递工器具材料
		（13）平行、邻近、同杆架设线路附近停电作业，接触导线、架空地线时感应电放电，造成人员触电。如：未使用个人保安线
		（14）穿越未经接地同杆架设低电压等级线路，造成人员触电
		（15）电力检修（施工）作业，未能准确判断电缆运行状态、盲目作业，造成人员触电
		（16）电缆接入（拆除）架空线路或开关柜间隔，误登带电杆塔或误入带电间隔，造成人员触电
（二）	误碰带电设备	（1）现场使用吊车、斗臂车等大型机械时，对吊车、斗臂车司机现场危险点告知及检查不规范，造成人员触电。如：未告知现场工作范围及带电部位，致使吊臂对带电导体放电等
		（2）室内、室外母线分段部分、母线交叉部分及部分停电检修时忽视带电部位，造成人员触电。如：作业地点带电部位不清，误碰带电设备等

65

续表

序号	评估类别	危险因素
（二）	误碰带电设备	（3）现场临时电源管理不规范，造成人员触电。如：乱拉电源线，电源线敷设不规范，使用的工具、金属型材、线材误将临时电源线轧破磨伤等
		（4）仪器的摆放位置不合理，造成人员触电。如：仪器摆错位置或摆放位置离带电设备太近等
		（5）容性设备进行试验工作放电不规范，造成人员触电。如：电力电容器、电力电缆未充分放电等
		（6）加压过程中失去监护，造成人员触电。如：监护人干其他工作或随意离去，注意力不集中等
		（7）仪器金属外壳无保护接地，造成人员触电。如：外壳未接地或接地不牢等
		（8）试验现场安全措施不规范，他人误入，造成人员触电。如：遮栏或围栏进出口未封闭，标示牌朝向不正确，无人看守等
		（9）高压试验人员操作时未规范使用绝缘垫，造成人员触电。如：绝缘垫耐压不合格，绝缘垫太小，试验人员操作时一只脚站在绝缘垫上，另一只脚站在地面上等
		（10）绝缘工器具不合格或使用不规范，造成人员触电。如：受潮、破损、超周期使用，绝缘杆未完全拉开等
		（11）低压回路工作中无人监护误碰其他带电设备。如：工作人员身体裸露部分误碰带电设备等
		（12）在变电站内人工搬运较长物件不规范。如：梯子、金属管材、型材未放倒搬运等
		（13）检修设备的交、直流电源未断开，造成人员触电。如：未断开检修设备的控制电源或合闸电源等
		（14）拖拽电缆时未做防护措施，导致与带电设备距离不够，造成人员触电
（三）	电动工器具类触电	（1）电动工器具的使用不规范，造成人员触电。如：手握导线部分或与带电设备安全距离不够等
		（2）电动工器具绝缘不合格，造成人员触电。如：外绝缘破损、超周期使用等
		（3）电动工器具金属外壳无保护，造成人员触电。如：外壳未接地或用缠绕方式接地
（四）	倒闸操作触电	（1）不具备操作条件进行倒闸操作，造成人员触电。如：设备未接地或接地不可靠，防误装置功能不全、雷电时进行室外倒闸操作、安全工器具不合格等
		（2）倒闸操作过程中接触周围带电部位，造成人员触电。如：操作时误碰带电设备、操作未保证足够的安全距离等
		（3）操作过程中发生设备异常，擅自进行处理，误碰带电设备触电
		（4）操作人未按照顺序逐项操作，漏项、跳项操作导致触电
		（5）操作时未认真执行"三核对"，走错位置，误入带电间隔，误拉隔离开关，导致触电或电弧灼伤
		（6）操作隔离开关过程中瓷柱折断，引线下倾，造成人身触电。如：站立位置不当、操作用力过猛、绝缘子开裂或安装不牢固等
		（7）操作肘型电缆分支箱、箱式变压器时触碰相邻的带电设备，造成人员触电

续表

序号	评估类别	危险因素
（四）	倒闸操作触电	（8）对环网柜、电缆分支箱、箱式变压器操作时，不执行停电、验电制度，直接接触设备导电部分，造成人员触电
		（9）验电器、绝缘操作杆受潮，造成人员触电。如：雨天操作没有防雨罩，存放或使用不当等
		（10）装地线前不验电、放电，装、拆接地线时，方法不正确或安全距离不够，造成人员触电。如：装、拆接地线碰到有电设备，操作人员与带电部位小于安全距离、攀爬设备构架等
		（11）装拆临时接地线操作不当，造成人员触电。如：装设接地线时接地线触及操作人员身体、装设接地线时误碰带电设备、装设接地操作顺序颠倒
（五）	运行维护工作触电	（1）当值运维人员更换高压熔断器、测温、卫生清扫等工作失去监护，人员误入、误登、误碰带电设备，造成人员触电
		（2）当值运维人员进行更换低压熔断器、二次设备清扫、更换灯泡等工作，工器具选择不当，未与带电设备保持安全距离，造成人员触电。如：清扫设备时安全距离小于规定值、没有使用安全工器具、工具的金属部分未用绝缘物包扎等
		（3）高压设备发生接地时，巡视人员与接地之间小于安全距离没有采取防范措施，造成人员触电
		（4）雷雨天巡视设备时，靠近避雷针、避雷器，遇雷反击，造成人员触电
		（5）夜间巡视设备时，巡视人员因光线不足，误入带电区域，造成人员触电
		（6）汛期巡视设备时，安全用品、设备失效，造成人员触电
（六）	交流低压触电	（1）电流互感器二次回路开路，造成人员触电。如：试验短接线脱落、电流互感器二次绕组切换步骤不正确等
		（2）电压互感器二次回路上取放熔丝、测量电压、拆接线工作不规范，造成人员触电。如：未使用绝缘工具、未戴手套等
		（3）工作中试验方法不当，造成人员触电。如：接错线、试验表计未调至零位或未断开电源等
		（4）工作人员改接试验线时，未采取措施，造成人员触电
		（5）工作人员在二次回路加压，操作错误，造成人员触电。如：误合电压回路的空气开关，应断开的电压端子未断开等
		（6）带电收放临时电源线（保护用接地线），造成人员触电。如：未断开临时电源，误碰带电部位等
		（7）绝缘电阻表输出误碰他人和自己，造成人员触电。如：试验线有裸露部分、有其他人员在摇测绝缘的回路上工作、摇测绝缘时作业人员触及输出端子等
		（8）工作中误触相邻运行设备带电部位。如：同屏布置的二次设备检修时，相邻的运行设备未做安全隔离措施等
		（9）运行中的电流、电压互感器二次回路，因为二次失去接地线，一次高压通过电容耦合等串入低压回路，造成触电
（七）	直流低压触电	（1）直流回路上工作，未采取防护措施造成人员触电。如：未使用绝缘工具、未戴手套等
		（2）直流回路上工作，应断开电源的未断开，造成人员触电。如：操作电源、信号电源、测控电源未断开等

续表

序号	评估类别	危险因素
（八）	其他类触电	（1）动火工作过程不规范，造成人员触电。如：动火用具与带电设备安全距离不够，在较潮湿的环境条件下进行电焊作业
		（2）进行设备验收工作时，人与带电部位距离小于安全距离，造成人身触电
		（3）绝缘斗臂车工作位置选择不当，绝缘部位与带电距离不够，导致相间短路
		（4）带电作业人员不熟悉带电操作程序，导致触电
二		高空坠落
（一）	登塔、登杆作业	（1）高处作业时，防止高处坠落的安全控制措施不充分、高处作业时失去监护或监护不到位，造成人员高处坠落
		（2）个人安全防护用品使用不当，造成人员高处坠落。如：使用不合格的安全帽或安全帽佩戴不正确、高处作业使用不合格的安全带或使用方法不正确，在登杆、登塔中不能起到防护作用等
（二）	绝缘子、导线上工作	（1）更换绝缘子时，绝缘子锁紧销脱落等，造成人员高处坠落
		（2）链条葫芦使用不规范，导致绝缘子掉串，造成人员高处坠落。如：超载、制动装置失灵等
		（3）更换绝缘子时，滑轮组使用不规范，造成人员高处坠落。如：滑轮组绳强度不足、过载等
（三）	构架上工作	（1）构架上有影响攀登的附挂物，造成人员高处坠落。如：照明灯、标示牌、支撑架、拉线等
		（2）攀登时，爬梯金属件或支撑物不符合要求，造成人员高处坠落。如：金属件缺失、松动、脱焊、锈蚀严重、支撑物埋设松动
		（3）构架上移位方法不正确，失去防护，造成人员高处坠落。如：未正确使用双保险安全带，手未扶构件或手扶的构件不牢固，踩点不正确或踏空等
		（4）焊、割工作中防护措施不当，造成人员高处坠落。如：安全带系挂在焊、割构件上或焊、割点附近及下风侧，工作人员在下风侧等
（四）	使用梯子攀登或在梯子上工作	（1）梯子本身不符合要求，造成人员高处坠落。如：构件连接松动、严重腐（锈）蚀、变形；防滑装置（金属尖角、橡胶套）损坏或缺失、无限高标志或不清晰、绝缘梯绝缘材料老化、劈裂；升降梯控制爪损坏、人字梯铰链损坏、限制开度拉链损坏或缺失等
		（2）梯子放置不符合要求，造成人员高处坠落。如：角度不符合要求、不稳固；梯子架设在滑动的物体上、人字梯限制开度拉链未完全张开；升降梯控制爪未卡牢，靠在软母线上的梯子上端未固定等
		（3）上、下梯子防护措施不当造成坠落。如：无人扶梯、未穿工作鞋、脚未踩稳、手未抓牢、面部朝向不正确等
		（4）在梯上工作时，梯子使用不当或在可能被误碰的场所使用梯子未采取措施，造成坠落。如：站位超高、总质量超载、梯子上有人时移动梯子、在通道、门（窗）前使用梯子时被误碰等
		（5）水平梯使用方法不正确、失去防护，造成人员高处坠落。如：梯子固定不可靠或超载使用，导致水平梯脱落或断裂，且未使用双保险安全带等

续表

序号	评估类别	危险因素
（五）	脚手架上工作	（1）脚手架本身不符合要求，造成人员高处坠落。如：组件腐蚀、开裂、严重机械损伤；组件裂纹、严重锈蚀、变形、弯曲；木（竹）制脚手板厚度不合要求；安全网网绳、边绳、筋绳断股、散股及严重磨损，连接不牢；脚手架的承重不符合要求
		（2）脚手架上工作面湿滑及防护措施不当，造成人员高处坠落。如：工作面有油污、冰雪，鞋底有油污，无上下固定梯子，在高度超过 1.5m 没有栏杆的脚手架上工作未使用安全带等
（六）	斗臂车（含曲臂式升降平台）上工作	（1）斗臂车本身不符合要求，造成工作斗下落，造成人员高处坠落。如：结构变形、裂缝或锈蚀；零部件磨损或变形；气（电）动、液压保险、制动装置失灵；螺栓和其他紧固件松动；焊接部位开裂、脱焊；铰接点的销轴装置脱落等
		（2）斗臂车不稳固造成倾覆，造成人员高处坠落。如：地面松软、支撑不稳定
		（3）工作方法不正确，造成人员高处坠落。如：发动机熄火；下部人员误操作，且绝缘斗中工作人员未系安全带，导致绝缘斗中人员被其他物件碰剐等
（七）	电缆竖井作业	电缆竖井内设施不符合要求，工作方法不正确，造成人员高处坠落。如：爬梯或电缆支架缺失、松动、脱焊、锈蚀严重；上下爬梯脚未踩稳、登高工作中未使用安全带等
三		物体打击
（一）	高处作业现场	高空落物伤人。如：不正确佩戴安全帽、围栏设置和传递工具材料方法不正确等
（二）	工作平台及脚手架	垮塌或落物伤人。如：工作平台、脚手架四周没有设置围网，杆脚搭设在不稳固的鹅卵石上等
（三）	电气操作	（1）操作隔离开关过程中，瓷柱折断伤人，操作把手断裂伤人。如：瓷柱有裂纹损伤，操作用力过猛，操作把手有裂纹损伤等
		（2）操作时，安全工器具掉落伤人。如：绝缘罩、绝缘板或地线杆等掉落
（四）	安装、检修隔离开关、断路器等变电设备	设备支柱绝缘子断裂或倾倒砸伤人。如：设备本身质量有问题，焊接部位不牢；工作人员违章工作，将安全带打在套管绝缘子或支柱绝缘子上等
（五）	搬运设备及物品	重物失去控制伤人。如：搬运各种保护屏、柜、试验仪器等设备
（六）	更换绝缘子	绝缘子掉串伤人。如：绝缘子没有连接好突然掉落、控制绝缘子的绳子突然松掉等
（七）	压力容器	喷出物或容器损坏伤人
（八）	装运水泥杆、变压器、线盘	水泥杆、变压器、线盘砸伤人。如：抬水泥杆时，水泥杆突然掉落；堆放水泥杆时，水泥杆突然滚动等
（九）	线路拆线	倒塔和断线时伤人。如：倒杆（塔）、断杆砸伤人，断线时跑线抽伤人
（十）	立、撤杆塔	杆塔失控伤人。如：揽风绳、叉杆失控引起倒杆等

续表

序号	评估类别	危险因素
（十一）	水泥杆底、拉盘施工、铁塔水泥基础施工	起吊或放置重物措施不当伤人。如：安放杆塔或拉线底盘时杆坑内有人工作等
（十二）	放、紧线及撤线	导线失控伤人。如：导线抽出伤人，手被导线挤伤、压伤等
（十三）	砍剪树竹	树竹失控伤人。如：被倒下的树木或朽树枝砸伤等
（十四）	敷设电缆	人员绊伤、摔伤、传动挤伤
（十五）	挖掘电缆沟	安全措施不当，导致伤人
（十六）	电缆头制作	操作不规范、措施不当，导致物体打击。如：坑、洞内作业未设置安全围栏等
四	机械伤害	
（一）	操作钻床、台钻等机械设备	设备防护设施不全，造成人员伤害。如：缺少防护罩、防护屏、戴手套操作钻床等
（二）	开关设备的储能机构、装置检修	机械故障导致的能量非正常释放，造成人员伤害。如：弹簧、测量杆伤人等
（三）	砍剪树竹	使用的工器具质量不合格、操作不当或失控，造成人员伤害。如：油锯金属碎片飞出，锯掉的木屑或卡涩引起的转动异常，碰金属物，用力过猛误伤等
（四）	敷设电缆	展放电缆挤压伤人，或使用电缆刀剥导线时伤人，造成人员伤害
（五）	起重机械	吊车起重作业措施不当失控伤人，造成人员伤害。如：翻车、千斤断裂或系挂点脱落、起吊回转范围内有人等
五	特殊环境作业	
（一）	夜晚、恶劣天气作业	（1）夜晚高处作业，工作场所照明不足，导致事故 （2）恶劣气候条件下，在杆塔上作业未采取有效的保障措施，导致事故。如：雨、雾、冰雪、大风、雷电、高温、高寒等天气
（二）	有限空间作业	（1）未对从业人员进行安全培训，或培训教育考试不合格，导致人身伤害 （2）未严格实行作业审批制度，擅自进入有限空间作业，导致人身伤害 （3）未做到"先通风、再检测、后作业"，或者通风、检测不合格，照明设施不完善，导致人身伤害 （4）未配备防中毒窒息防护设备、安全警示标志，无防护监护措施，导致人身伤害 （5）未制定应急处置措施，作业现场应急装置未配备或不完整，作业人员盲目施救，导致人身伤害和衍生事故
六	误操作	
（一）	电气设备防误装置	（1）设备固有防误装置 1）防误闭锁装置功能不正常、强行解锁，造成误操作。如：程序出错、逻辑关系错误、锁具或钥匙失灵等

续表

序号	评估类别	危险因素
（一）	电气设备防误装置	2）防误闭锁装置不完善，造成误操作。如：闭锁有漏点、没加挂机械锁等
		3）无法验电的设备、联络线设备的电气闭锁装置不可靠，造成误操作。如：高压带电显示装置提示错误、高压带电显示闭锁装置闭锁失灵等
		（2）防误装置逻辑和软件系统
		1）防误装置有逻辑死区，造成误操作。如：逻辑关系漏编等
		2）计算机监控系统中没有防误闭锁功能或功能不完善，造成误操作。如：操作程序漏编、错编等
		3）远方遥控操作，未实现对受控站的远方防误操作闭锁，造成误操作。如：未配置闭锁、闭锁未连接、逻辑关系设置错误或有遗漏等
		4）防误装置主机发生故障时无法恢复数据或与实际不符，造成误操作。如：数据无备份、信息变更时数据备份不及时等
（二）	运维专业误操作	（1）人员行为导致误操作
		1）操作人员、检修维护人员未做到"三懂二会"（懂防误装置的原理、性能、结构；会操作、维护），造成误操作
		2）操作及事故处理时注意力不集中、精力分散或过度紧张，造成误操作
		3）无调度指令或调度指令错误，造成误操作。如：无调度指令操作，操作任务不清、漏项、错项等
		4）无操作票或操作票错误，造成误操作。如：无操作票、操作票漏项、错项等
		5）倒闸操作没有按照顺序逐项操作，未进行"三核对"或现场设备没有明显标志，造成误操作。如：漏项或跳项操作，操作前未核对设备名称、编号和位置，操作设备无命名、编号、转动方向及切换位置的指示标志或标志不明显等
		6）操作任务不明确，调度术语不标准、联系过程不规范，造成误操作。如：操作目的不清、调度术语不确切、未互报单位和姓名、未复诵等
		7）设备检修、验收或试验过程中，误分合隔离开关或接地隔离开关，造成误操作。如：未按规定加锁、擅自操作、验收操作时未核对设备等
		8）操作时走错间隔，造成误分、合断路器，误带电挂接地线，造成误操作
		9）验电器选择或使用不当，造成误操作。如：验电器电压等级与实际不符、验电器损坏、验电位置错误等
		10）装设接地线未按程序进行，带电挂接地线，造成误操作。如：未验电、验电后未立即装设接地线等
		11）交直流电压小开关误投、误退，造成误操作
		12）电流互感器二次端子接线与一次设备方式不对应，造成误操作。如：二次端子操作顺序错误等
		（2）运维管理不当导致误操作
		1）一次系统模拟图（或计算机系统模拟图）与现场设备或运行方式不一致，造成误操作。如：运行方式改变时，设备和编号变更时未及时变更模拟图等
		2）解锁钥匙管理不规范，造成误操作。如：擅自使用、超范围使用、未及时封存、私藏解锁钥匙等

三、评估定级

（1）风险识别（现场勘察）完成后，编制"三措"、填写"两票"前，应围绕作业计划，针对作业存在的危险因素，全面开展风险评估定级。评估出的危险点及预控措施应在"两票""三措"中予以明确。作业风险评估定级一般由工作票签发人或工作负责人组织，涉及多专业、多单位共同参与的大型复杂作业，应由作业项目主管部门、单位组织开展。

（2）作业风险根据不同类型工作可预见安全风险的可能性、后果严重程度，从高到低分为一到五级。作业风险定级应以每日作业计划为单元进行，同一作业计划（日）内包含多个工序、不同等级风险工作时，按就高原则确定。

（3）生产作业、配（农）网工程施工作业、营销作业参照典型生产作业风险定级库（详见表3-2）进行风险定级；迁改工程施工作业参照上述对应专业风险定级要求执行。

（4）一级风险作业不得直接实施，必须通过组织、技术措施降为二级及以下风险后方可实施。遇有恶劣天气、连续工作超 8h、夜间作业等情况宜提高风险等级进行管控。

配电典型生产作业风险定级库如表3-2所示。

表3-2　　　　　　　　配电典型生产作业风险定级库

序号	所属专业	作业内容	风险因素	风险等级
1	配电（低压）施工作业	配电杆塔接地施工（不包含杆塔顶端接地线安装）、普通杆坑或拉线坑开挖、杆塔基础护坡施工、护栏施工、杆塔材料运输及搬运、杆号牌等标识安装	机械伤害、触电	五级
2		钢塔基础及电缆井钢筋作业（含加工、切割及焊接）及混凝土浇筑	机械伤害、触电、火灾	四级
3		配电电缆沟、井及配电柜、屏基础施工及起重作业	机械伤害、高处坠落、物体打击、火灾、触电	四级
4		开闭所、配电室建设作业中，房屋横梁混凝土浇筑作业	高处坠落、塌方	三级
5		在重要地下管线（如供水、燃气、石油管线、国防电缆等）附近采用开挖方式进行的管道建设	火灾、触电、机械伤害、爆炸	四级
6		在重要地下管线（如供水、燃气、石油管线、国防电缆等）附近采用拉管、顶管等方式进行的管道建设	高处坠落、物体打击、火灾、触电、机械伤害、爆炸	三级

续表

序号	所属专业	作业内容	风险因素	风险等级
7		低压配电电缆的敷设	机械伤害	五级
8		配电电缆更换、敷设及接线	机械伤害、物体打击、触电	四级
9		配电电缆耐压、交接等试验	触电	四级
10		架设低压架空线路、保护接地或接零、现场照明布置、电气焊焊接等低压施工作业	触电、火灾、灼伤	四级
11		低压施工用电系统的接火、检修及维护	触电	四级
12		电缆物资、配电开关柜、屏、环网柜（箱）、电缆分支箱、柱上开关、箱式变压器、配电变压器等设备搬运	机械伤害	五级
13		配电自动化终端、低压配电箱及开关箱安装	触电、机械伤害	四级
14		配电开关柜、屏、环网柜（箱）、电缆分支箱、柱上开关、箱式变压器、配电变压器等设备安装、调试	高处坠落、机械伤害、物体打击、触电	四级
15		开闭所、配电室、环网柜等配电设备机构检修、更换工作	高处坠落、机械伤害、物体打击、触电	四级
16	配电（低压）施工作业	运行盘柜上二次接线	触电	四级
17		配电开关柜、屏、环网柜（箱）、电缆分支箱、柱上开关、箱式变压器、配电变压器等设备停电搭火	触电、高处坠落、物体打击	四级
18		在运环网柜备用间隔接入	触电、机械伤害	四级
19		在变电站内盘柜备用间隔接入	触电、机械伤害	三级
20		配电杆塔排杆、焊接及组立等施工作业；杆塔防腐	机械伤害、高处坠落、物体打击	四级
21		搭设跨越架	高处坠落、物体打击	四级
22		在非"三跨"区域开展10（20）kV及以上配电线路电杆组立（拆除）作业	高处坠落、机械伤害、物体打击	四级
23		不存在交叉跨越、"三跨"等配电线路架设，旧导线拆除	高处坠落、机械伤害、物体打击、触电	四级
24		10（20）kV跨越Ⅲ级、Ⅳ级铁路，五级、六级、七级航道，三级、四级公路、10（20）kV及以上电压等级电力线路或邻近带电线路组立（拆除）杆塔、架设（拆除）导线、光缆等作业	高处坠落、倒塔、物体打击、公路通行中断、铁路停运、航运中断、触电	三级
25		10（20）kV跨越Ⅰ级、Ⅱ级铁路，一级、二级、三级航道，高速公路、一级或二级公路或邻近带电线路组立（拆除）杆塔、架设（拆除）导线、光缆等作业	高处坠落、倒塔、物体打击、公路通行中断、航运中断、铁路停运、触电	二级

续表

序号	所属专业	作业内容	风险因素	风险等级
26		砍剪树竹、杆塔底部和基础等地面监测、消缺工作，涂写杆塔号、安装标示牌、配电线路（电缆、配电厂房）巡视、绝缘电阻（接地电阻）测量、导线交叉距离测量等，工作地点在杆塔最下层导线以下，保持距离符合《配电安规》要求的作业	高处坠落、物体打击	五级
27		单一电源低压分支线的停电检修作业	高处坠落、物体打击、触电	五级
28		不需要高压线路、设备停电或做安全措施的配电运维一体化作业	误操作	五级
29		接户、进户计量装置上的不停电作业	触电	五级
30		一般性配电线路、配电厂站房倒闸操作及低压设备操作	触电、高处坠落、误操作	五级
31		安装电表箱、爬墙线、集中抄表装置	触电、高处坠落、物体打击	四级
32		配网线路拉线安装或拆除	高处坠落、物体打击、触电	四级
33		因大型缆化或网改工程涉及10kV馈线停（送）电、转电的倒闸操作项目达100项以上	触电、高处坠落、误操作	四级
34		配电线路绝缘子清扫、加装（更换）驱鸟器、绝缘护套、线夹紧固等常规线路清扫检修工作	高处坠落、物体打击、触电、	四级
35	配电检修作业	带电砍伐超高树竹、清除鸟巢	触电、机械伤害、物体打击	四级
36		10kV配电变压器分接头调节、电流互感器、电压互感器、关口表安装、拆除等作业	触电、高处坠落	四级
37		箱式变电站低压总开关不停电状态下，低压出线消缺、检修	触电、高处坠落	四级
38		配电二次设备传动、试验及保护定值整定、检查	触电	四级
39		10（20）kV高压电缆试验；10（20）kV一次设备耐压试验	触电	四级
40		配电新出线投运	触电	四级
41		在存在光伏等新能源接入的配电线路上开展检修作业	触电、高处坠落、机械伤害	四级
42		电缆沟、隧道等密闭空间进行故障消缺、电缆敷设等作业	触电、火灾、中毒、机械伤害、窒息	四级
43		与高压带电线路交叉跨越或邻近带电设备的配网检修作业	触电、高处坠落、机械伤害	三级
44		在调度室、通信机房等二级动火区域开展动火作业	火灾、爆炸、中毒、窒息	三级
45		在油料仓储、变压器等注油设备、蓄电室（铅酸）等一级动火区域或电缆沟、隧道等密闭空间开展动火作业	火灾、爆炸、中毒、窒息	三级

四、管控措施制定

风险管控措施是指采取预防或控制措施将风险降低到可接受的程度。技术上通常采用消除、隔离、防护、减弱等控制方法。管理上利用作业安全风险控制措施卡、标准化作业指导书、工作票、操作票、到岗到位现场督导等安全组织措施加强现场风险控制。

（1）作业风险评估定级完成后，作业单位应根据现场勘察结果和风险评估定级的内容制定管控措施，编制审批"两票""三措一案"。

（2）作业风险管控措施由作业班组、相关专业管理部门和单位分级策划制定，并经逐级审批后执行。

1）四、五级风险作业，风险管控措施应由二级机构组织审核；工程施工作业由施工项目部审核。

2）三级风险作业，风险管控措施应由地市级单位专业管理部门组织审核；工程施工作业由业主项目部审核。

3）二级风险作业，风险管控措施应由地市级单位分管领导组织审核；工程施工作业由建设管理单位专业管理部门组织审核。省公司级单位专业管理部门对本专业二级风险作业进行备案和审查。

（3）因现场作业条件变化引起风险等级调整的，应重新履行识别、评估、定级和管控措施制定审核等工作程序。

典型配电作业安全控制措施见表3-3～表3-6。

表3-3　　　　　　配电线路巡视检修作业安全风险典型控制措施

序号	辨识项目	辨识内容	典型控制措施
1	地面巡视	（1）动物伤人	1）有狗出没的地方，应防备狗突然窜出伤人。 2）在夏季巡视时应边走边打草惊蛇，避免被蛇咬伤。 3）发现蜂窝时不要靠近或惊动，在没有防护器具情况下不能碰触。 4）采取有效措施，避免野生动物伤人。 5）如果不慎被动物所伤，则现场应立即实施救治，并及时送往医院
		（2）作业环境不良造成的人身伤害	1）合理规划线路，防止洪水、塌方、恶劣天气等对人的伤害。 2）途经斜坡、险坎、峭崖以及荆棘丛林应尽量绕道行走，不得强行通过。 3）巡线时严禁泅渡，不准穿越不明深浅和薄冰的水域，在江、河、水沟边应小心行走，防止跌入水中。 4）在地形复杂、道路不明、人迹罕至的地区进行巡视时，应聘请当地人做向导，同时做好路标，如果不慎迷路，应按原路返回

续表

序号	辨识项目	辨识内容	典型控制措施
1	地面巡视	（3）巡视方法不当引起的意外伤害	1）夜间巡线应沿线路外侧进行。 2）大风时，巡线应沿线路的上风侧前进。 3）事故巡线应始终认为线路带电。即使明知该线路已停电，也应认为线路随时有恢复送电的可能。 4）如途中遇到强雷雨天气，巡视人员应立即终止巡视，不准在高大建筑物或大树下停留。 5）巡线人员发现导线、电缆断落地面或悬挂空中，应设法防止行人靠近断线地点8m以内，以免跨步电压伤人，并迅速报告调控中心和上级，等候处理。 6）严格按照巡视标准作业卡要求进行工作，逐一确认检查，并做好记录，发现重大缺陷要及时上报
2	登杆塔检查	（1）贸然登杆造成的高处坠落、触电伤害、蜇伤	1）登杆前核对线路的名称及杆塔号。 2）确认根部、基础、拉线牢固。 3）确保安全帽、安全带、设施、登高工具完整牢靠、符合要求。 4）单人巡线时，禁止攀登杆塔和铁塔。 5）确认杆塔上无蜂窝
		（2）高处作业失去保护造成的坠落伤害	1）攀爬过程中，应采取防坠落措施。 2）在杆塔上移位时，手扶的构件应牢固，不准失去安全带保护，应做到踩稳抓牢
		（3）安全距离不够造成的触电伤害	作业人员活动范围及所携带的工具、材料等与带电导线的最小安全距离：10kV为0.7m，35kV为1.0m
		（4）外部物体、动物侵袭造成人员高处坠落伤害	1）上下杆塔前，应检查作业线路及作业点处有无野蜂。野蜂受到惊扰会对人进行攻击，应立即用衣物保护好头颈，原地不动。不要试图反击，否则只会招致更多的攻击。待野蜂找不到目标而飞走时，方能动身。 2）上下杆塔遇到意外时应冷静，在安全带保护下进行处理

表3-4　　　　**配电线路运行维护作业安全风险典型控制措施**

序号	辨识项目	辨识内容	典型控制措施
1	紧固杆塔螺栓、涂写识别色标、防腐	（1）贸然登杆	1）登杆前核对线路的名称及杆塔号。 2）确认根部、基础、拉线牢固。 3）确保安全帽、安全带、设施、登高工具完整牢靠、符合要求。 4）单人巡线时，禁止攀登杆塔和铁塔
		（2）高处作业	1）攀爬过程中，应采取防坠落措施。 2）在杆塔上移位时，手扶的构件应牢固，不准失去安全带保护，应做到踩稳抓牢。 3）工具、材料不准随意抛掷，应使用绳索传递或放入专用工具袋，较大的工具应固定在牢固的构件上，作业点垂直下方不准有人逗留
		（3）邻近带电体	作业人员活动范围及所携带的工具、材料等与带电导线的最小安全距离：10kV为0.7m，35kV为1.0m

续表

序号	辨识项目	辨识内容	典型控制措施
2	清除线路、杆塔异物	（1）砍剪树木时发生人员坠落	1）不应攀登已经锯过或砍过的未断树木，不得攀抓脆弱和枯死的树枝。 2）安全带应系挂在牢固的树木主干上。 3）安全带不得系挂在已锯、砍过未断或待砍剪部位附近或上端处。 4）攀爬较高树木，尽量使用梯台等登高工器具，防止上树过程失足高坠。 5）清障砍剪树木时，须设专人全程监护
		（2）异物侵袭人员，导致人员高坠	1）作业前应检查树上有无蜂巢，有针对蜂类叮蜇伤人的预案。 2）作业中发现蜂巢时，不得惊扰，并迅速撤出。 3）拆除蜂巢时，应做好个人防护（戴防护面罩、穿长袖工装），采取防止被蜂蜇伤的措施
		（3）安全距离不够造成的触电伤害	1）清除带电导线上的异物时应按带电作业进行，作业时监护人随时提醒操作人员与带电体保持足够的安全距离。 2）清除带电杆塔上的异物时应按带电杆塔上作业要求进行，必须与带电设备保持足够安全距离
		（4）使用不合格的绝缘工器具，导致人员触电	1）清除带电导线上的异物时，使用的绝缘工器具必须经试验合格，使用前应检查确认无损坏、受潮等现象，并用 2500V 及以上绝缘电阻表检查确认其绝缘电阻值不小于 700MΩ。 2）清除带电导线上的异物时，使用的绝缘工器具的有效绝缘长度应满足地电位作业要求
3	砍剪树木	（1）失去监护	砍伐树木时应有专人监护
		（2）砍剪接近带电导线的树木未采用可靠的安全措施，导致人员触电	1）大风天气，禁止砍剪高出或接近导线的树木。 2）砍剪高于或接近带电导线的树木时，控制树木倒向的绳索应使用绝缘绳。 3）砍剪带电线路附近的超高、超大树木时，应采用分段法。 4）砍剪带电线路附近超高树木时，不宜用单根拉绳控制树木倒向。 5）砍剪带电线路附近超高、超大树木时，控制绳的人员应分布合理，每根拉绳不应少于两人
		（3）砍剪的树木倒向不正确，导致人员触电	1）砍剪树木时应进行现场勘察，在倒树范围内有其他带电线路时，应控制树木倒向。 2）倒树范围内的其他线路如不可避免会接近或接触时，应申请线路停电后方可开展工作
		（4）断落的树枝接近、接触带电线路但未采取安全措施处理，导致人员触电	1）在带电线路附近砍剪树木，断落的树枝接近、接触带电导线时，应将高压线路停电或采用绝缘绳索、绝缘工具拉开。 2）在带电线路附近砍剪树木，接触带电导线且现场无绝缘工器具时，应通知将线路停电后方可处理
		（5）工具使用不当，造成人员伤害	1）砍伐时应采取防止被斧、锯等作业工具划伤的措施。 2）使用油锯和电锯的作业，应由熟悉机械性能和操作方法的人员操作。 3）使用时，应先检查所能锯到的范围内有无铁钉等金属物件，以防金属物件飞出伤人。 4）油锯使用前应进行安全检查，禁止"带病"使用。 5）油锯使用时，附近禁止有人员停留。 6）上下树时严禁随身携带剪伐工具

序号	辨识项目	辨识内容	典型控制措施
3	砍剪树木	（6）砍剪树木方法不当，造成人员伤害	1）上树作业时，手脚要放在适合的位置，防止被斧、锯划伤。 2）不得多人在同一处对向砍剪或在安全距离不足的相邻处砍剪
4	测量接地电阻	（1）不戴绝缘手套	断开或恢复接地引下线时应戴绝缘手套
		（2）错误接线、布线	熟悉测量方法，正确接线、布线
		（3）测量过程中触摸电极	测量过程中不准触摸电极
		（4）天气情况	雷雨天气禁止作业
5	交叉跨越、导线弧垂、测量对地距离	（1）失去监护	直接接触设备的电气测量工作，至少应由两人进行，一人操作，一人监护
		（2）测量工具不合格	1）带电线路导线的垂直距离（导线弧垂、交叉跨越距离），可用测量仪或使用绝缘测量工具测量。 2）禁止使用皮尺、普通绳索、线尺等非绝缘工具进行测量。 3）在潮湿环境测量导线对地距离时，应采用测量仪器或绝缘测距杆测量，如必须用绝缘绳索测量时，应采取措施防止绳索受潮
		（3）测量方法不当	1）邻近或交叉其他电力线路进行测量工作时，工作人员和工器具与带电导线的最小安全距离：10kV及以下为1.0m，35kV为2.5m。 2）夜间进行测量工作，应有足够的照明。 3）直接接触设备的电气测量工作应在良好天气时进行
6	登塔（杆）	（1）低温天气作业，发生人员高坠	1）在气温低于零下10℃时，不宜进行高处作业。确因工作需要进行作业时，应穿着防寒保暖衣物。 2）设临时取暖休息场所时需注意防火。 3）高处作业人员连续工作时间不宜过长。 4）作业时，遇冰雪、霜冻、大雾天气，作业人员应穿着防滑工作鞋。 5）杆身表面有冰雪、霜冻时，禁止使用脚扣攀爬。使用登高板作业时，应有除冰等防滑措施
		（2）高温天气作业，发生人员高坠	1）高温天气（38℃以上）不宜进行高处作业，如必须开展作业，应尽可能避开高温时段。 2）确需进行工作时，现场应配备足够的防暑药品（仁丹、十滴水等）及饮用水。 3）阳光强烈的工作环境下，作业人员应配备护目镜。 4）视人员体能和行为状态轮换作业
		（3）异常天气作业，发生人员高坠	1）遇6级以上大风以及雷暴雨、冰雹、大雾、沙尘暴时，停止高处作业。 2）大风、沙尘天气下，高处作业人员应佩戴防风眼镜。 3）在恶劣天气进行高处抢修工作时，应使用事故抢修预案，并根据现场情况补充必要的安全措施。 4）作业过程中遇恶劣天气时，高处作业人员应停止工作，在移动和下杆塔过程中不得失去安全带的保护，同时手抓牢、脚踏稳。 5）现场监护人员在恶劣天气对作业人员可能造成危险时，应做好现场应急安全措施后立即终止工作，并监督人员撤离作业面

序号	辨识项目	辨识内容	典型控制措施
6	登塔（杆）	（4）光线不足，发生人员高坠	1）夜间不宜从事高处作业。 2）夜间进行抢修工作时应配备足够的现场照明设备。 3）作业人员应辨明作业位置和附近环境状况，有可靠的安全保护
7	护坡保坎	（1）滚石伤人	做好临边防护措施，防止滚石伤人
		（2）塌方伤人	1）工作前，不要贸然靠近塌垮点。 2）保坎有明显贯穿裂缝、裂纹，严重影响稳定性时，不能站在保坎附近
8	铁塔基础开挖检查	（1）措施不当	1）确认基础稳定、可靠，如有必要应打好临时拉线等防止倒杆的措施。 2）铁塔基础的挖开检查只能使用对角开挖，禁止四角同时开挖
		（2）操作不当	1）开挖前应先确认无塌方危险，并清除坑口附近的浮土。 2）使用锹、镐等工器具时应保持足够距离，防止伤人。 3）向上抛土时，防止打伤坑外人员，并及时清除坑口附近的余土，防止土石回落伤人
9	改造接地电阻	（1）人员安排不当	未取证人员不准进行焊接作业
		（2）机具选用不当	1）根据现场条件合理选用电源，所取用的电源必须具有合格的漏电、短路保护装置。 2）电源线线径、长度、绝缘应满足要求。 3）电源线路径合理，有防止辗、砸、压的措施。 4）电源线接头处必须用绝缘胶布包好。 5）用电设备的电源线绝缘良好，外壳良好、可靠接地
		（3）操作方法不当	1）作业过程中氧气瓶和乙炔瓶应保持不得小于 5m 的距离，与明火距离不得小于 10m。 2）进行焊接工作时，必须设有防金属熔渣飞溅伤人的措施。 3）焊接时应戴防护皮手套和护目镜。 4）露天焊接或气割时，必须搭设挡风屏，以防止火星飞溅引起火灾，在风力超过 5 级时，禁止进行露天焊接或气割。 5）使用锹、镐等工器具时应保持足够距离，防止伤人

表 3-5 配电线路停电检修作业安全风险典型控制措施

序号	辨识项目	辨识内容	典型控制措施
1	现场勘察	（1）勘察组织不力	1）根据现场勘察结果，对危险性、复杂性和困难度较大的作业项目，应编制组织措施、技术措施、安全措施，并经本单位分管生产领导（总工程师）批准后执行。 2）勘察人员必须具备相应的安全知识和技能。 3）做好勘察前的开工会，让参加现场勘察的人员事先了解清楚工作任务及具体工作项目，避免临时性增加工作内容。 4）强雷、暴雨、暴风等恶劣天气禁止进行现场勘察，勘察中出现恶劣天气时，应立即停止勘察工作

续表

序号	辨识项目	辨识内容	典型控制措施
1	现场勘察	（2）勘察不到位	1）勘察人员必须清楚工作任务、停电范围。 2）认真查阅图纸资料、技术台账。 3）核对上年度和本年度的缺陷记录和运行记录。 4）现场认真核查缺陷，对重大及以上缺陷提出处理意见，并做好记录。 5）根据工作任务，对作业现场的工作条件、工作范围的勘察必须到位，确定作业方法和所需工器具。 6）涉及换线、调线、导线补修、组立和拆除杆塔等的作业，必须调查档内交叉跨越情况
2	工作票和标准卡的编审	工作票和标准卡不合格	1）根据现场勘察结果确定的作业方案，认真填写工作票，编写标准卡。 2）认真审核工作票和标准卡
3	作业机具、安全工器具和材料的准备	（1）工器具、材料准备不到位	作业机具工况良好，安全工器具合格，型号和数量满足工作需求
		（2）工器具不合格	所选用的工器具必须试验合格，外观检查无损坏，装车前应事先检查确认，严禁带缺陷使用
		（3）器材搬运方法不当	1）搬运较大或笨重器材时，需要多人抬扛的物件，须有专人指挥，统一信号，步调一致。 2）重大物件不得直接用肩扛运，在雨、雪后抬运物件时应有防滑措施
4	交通运输	（1）无证驾驶车辆	严格审查驾驶员的准驾车辆资格
		（2）"病车"上路	严禁车辆"带病"上路
		（3）行车路况恶劣	严禁强行通过存在危险的道路、桥梁、隧道
		（4）疲劳、酒后驾驶，服用违禁药物驾驶	严禁驾驶员疲劳、酒后、服用违禁药物驾驶
		（5）客货混装	车辆安排应满足作业条件，严禁客货混装
		（6）车辆超载、超高、超速	严禁车辆超载、超高、超速
		（7）工器具及材料放置不当	运输过程中，工器具及材料应避免受潮、受污以及挤压碰撞
5	工作许可	未履行许可手续	1）工作许可前应确认天气状态是否符合检修要求（6级以上大风以及暴雨、冰雹、大雾、沙尘暴等恶劣天气不得开工）。 2）作业前停送电联系人必须与调控中心联系，履行工作许可手续。 3）禁止约时停送电。 4）停送电联系人接到工作许可人许可命令后告知工作负责人
6	工作间断	（1）遇特殊情况不停止工作	在工作中遇雷、雨、大风或其他任何情况威胁到工作人员的安全时，工作负责人或专责监护人可根据情况临时停止工作

续表

序号	辨识项目	辨识内容	典型控制措施
6	工作间断	（2）未正确重新核安全措施	1）恢复工作前，应检查接地线等各项安全措施的完整性。 2）每日收工时如果将工作地点所装的接地线拆除，次日恢复工作前应重新验电挂接地线。 3）经调控中心允许的连续停电、夜间不送电的线路，工作地点的接地线可以不拆除，但次日恢复工作前应派人检查
7	工前交底	（1）不进行工前交底	开工前必须进行工作交底
		（2）工前交底交待不清	1）工作负责人组织工作班成员认真学习工作票和如何进行安全技术交底，所有人员应做到"四清楚"（作业任务清楚、危险点清楚、作业程序清楚、安全措施清楚）。 2）告知工作班成员，在工作遇到有6级以上大风以及暴雨、冰雹、大雾、沙尘暴等恶劣天气时，应停止工作
		（3）工作班成员不清楚	1）随机进行"四清楚"抽查式询问。 2）工作班成员不清楚时要主动询问
8	现场安全措施完善	（1）失去监护	对有触电危险、施工复杂容易发生事故的工作，应增设专责监护人和确定被监护的人员
		（2）城区、人口密集区作业	1）在城区、人口密集区地段或交通道口和通行道路上施工时，工作场所周围应装设遮栏（围栏），并在相应部位装设标示牌，并派专人看管。 2）禁止非工作人员入内
9	临时用工	（1）劳动防护用品配备不当	根据工作需要配备劳动防护用品
		（2）交底不清	开工前必须对临时用工进行安全交底
		（3）失去监护	1）临时用工不得独立作业，不得从事技术工作。 2）必须在监护人的监护下进行工作
10	攀登杆塔	（1）贸然登杆	1）攀登杆塔作业前，必须先核对线路名称及编号。对同杆塔多回路线路，应认真核查识别标记和双重名称无误后方可攀登。 2）攀登杆塔作业前，应先检查根部、基础和拉线是否牢固。 3）登杆塔前，应先检查登高工具、设施，如脚扣、升降板、安全带、梯子和脚钉、爬梯、防坠装置等是否完整牢靠
		（2）方法不当	1）攀爬过程中，应采取防坠落措施。 2）作业人员攀登杆塔时应戴安全帽，穿胶底鞋，动作不能过大，匀步攀登。 3）到达作业点位置，系好安全带，安全带应牢固可靠，采用高挂低用。 4）在杆塔上移位时，不得失去安全带保护，做到踩稳抓牢
		（3）邻近带电体	1）线路还未验电接地前，始终认为线路导线为带电体。攀爬杆塔和验电接地时，应与导线保持足够的安全距离。 2）在同杆塔多回路线路杆塔上工作时，作业人员的活动范围及其所携带的工具、材料等与带电导线的最小安全距离：10kV及以下为0.7m，35kV为1.0m。 3）停电检修线路如与另一带电线路相交叉或接近，工作人员和工器具与带电导线的最小安全距离：10kV及以下为1.0m，35kV为2.5m

续表

序号	辨识项目	辨识内容	典型控制措施
11	验电接地	（1）安全工器具选用不当	1）线路验电时，应使用相应电压等级、合格的接触式验电器。 2）使用伸缩式验电器时，应保证绝缘部位的有效长度。 3）成套接地线应由有透明护套的多股软铜线组成，其截面积不得小于25mm²，同时应满足装设地点短路电流的要求。禁止使用其他导线作接地线或短路线
		（2）失去监护	验电时应由两人进行，一人操作，一人监护
		（3）操作方法不当	1）线路未验电接地前，始终认为线路导线为带电体。攀爬杆塔和验电时，作业人员活动范围及其所携带的工具、材料等与导线应保持足够的安全距离：10kV及以下为0.7m，35kV为1.0m。 2）同杆塔架设的多层电力线路进行验电时，应先验低压、后验高压，先验下层、后验上层，先验近侧、后验远侧。 3）线路的验电应逐相进行，验电部分逐渐接近导线。对联络用的断路器、隔离开关或其组合，应在其两侧验电。 4）验明线路确无电压后装设接地线，应先接接地端，后接导线端，接地线应接触良好、连接可靠。 5）接地线应使用专用的线夹固定在导体上，禁止用缠绕的方法进行接地或短路。 6）同杆塔架设的多层电力线路挂接地线时，应先挂低压、后挂高压，先挂下层、后挂上层，先挂近侧、后挂远侧。拆除时次序相反
		（4）漏挂接地线	1）线路经验明确无电压后，应立即装设接地线并三相短路。 2）工作地段各端和有可能送电到停电线路工作地段的分支线（包括用户）都要验电、装设工作接地线
12	邻近或交叉其他电力线路作业	邻近带电线路	1）人体、导地线、施工机具、牵引绳索和拉绳等与带电导线的安全距离必须满足：10kV及以下为1.0m，35kV为2.5m。牵引绳索和拉绳安全距离必须满足：10kV为3.0m，35kV为4.0m。工作中应设专人监护。 2）不能满足以上安全距离的线路应停电并接地。 3）邻近带电的电力线路工作时，作业的导、地线还应在工作地点接地。绞车等牵引工具应接地。 4）在停电检修线路上方交叉跨越其他电力线路时，应有防止导地线、牵引绳产生跳动或过牵引而与带电导线接近至危险距离的措施。 5）在停电检修线路下方交叉跨越其他电力线路时，应有防止导地线脱落、滑跑的后备保护措施
13	同杆塔多回线路中部分线路停电检修	（1）未确认线路编号和识别标记	1）作业人员登杆前应核对停电线路的识别标记和双重名称，确认无误后，方可攀登。 2）登杆塔至横担处时，应再次核对停电线路的识别标记与双重称号，确认无误后方可进入停电线路侧横担
		（2）失去监护	攀登杆塔和在杆塔上工作时，每基杆塔都应有专人监护
		（3）邻近带电体	1）在杆塔上进行工作时不准进入带电侧的横担，或在该侧横担上放置任何物件。 2）在杆塔架设的多回线路中部分线路停电检修时，工作人员对带电导线的最小距离不小于：10kV及以下为0.7m，35kV为1.0m
14	工作终结	（1）不符合检修质量标准、要求	工作完毕后，仔细检查设备，确认其符合检修质量标准、要求

续表

序号	辨识项目	辨识内容	典型控制措施
14	工作终结	（2）遗留工具、材料	完工后应检查线路检修地段的状况，确认在杆塔上、导线上、绝缘子串上及其他辅助设备上没有遗留个人保安线、工具、材料等
		（3）未拆除工作接地线	1）查明全部工作人员确由杆塔上撤下后，再命令拆除工作地段所挂的接地线。 2）拆除接地线后，应立即认为线路带电，不准任何人再登杆进行工作
		（4）不正确办理工作终结	1）多个小组工作，工作负责人应得到所有小组负责人工作结束的汇报。 2）工作负责人确认工作全部结束，工作地段无遗漏问题，所有作业人员下杆后，方可向工作许可人做工作终结的报告。 3）工作终结的报告应简明扼要，并包括下列内容：工作负责人姓名，某线路上某处（说明起止杆塔号、分支线名称等）工作已经完工，设备改动情况，工作地点所挂的接地线、个人保安线已全部拆除，线路上已无本班组工作人员和遗留物，可以送电

表 3-6　　　　配电线路组立杆塔作业安全风险典型控制措施

序号	辨识项目	辨识内容	典型控制措施
1	人员组织	贸然开工	1）开工前，要交待施工方法、指挥信号和安全技术措施，工作人员要明确分工。 2）工作应有专人统一指挥，工作人员要密切配合，服从指挥
2	材料运输	（1）搬运方法不当	1）电杆在运输时必须捆绑牢固，防止电杆滚动伤人。 2）人力搬运时，遇山路、弯道、雨雪天气等应选好路线，并采取相应的安全措施。 3）多人抬扛电杆时应同肩，步调一致，起放电杆时应相互呼应协调。 4）采用机械牵引电杆上山时，必须将杆身捆绑牢固，钢丝绳不得触磨岩石和坚硬地面，爬山线路左右两侧 5m 内不得有人停留或通过
		（2）电杆放置不当	电杆放置应合理，要有防止滚动的措施
3	场地布置	（1）起重机具选、用不当	1）工作前应检查起重工器具，确保工器具合格、配套、灵活好用。 2）起重工器具禁止超载使用
		（2）抱杆、绞磨布置个当	1）使用抱杆立杆时，主牵引绳、尾绳、杆塔中心及抱杆顶应在同一直线上。 2）抱杆应牢固，要有防滑、防陷安全措施。 3）抱杆顶部应设临时拉线。 4）锚桩应按照技术要求布置，规格和埋深应根据土质确定。 5）绞磨应布置得当，距杆塔的距离应大于杆塔高度的 1.2 倍
		（3）电杆吊点不合理	根据电杆规格、长度合理选择电杆吊点

序号	辨识项目	辨识内容	典型控制措施
4	立杆	（1）起吊操作不当	1）全面检查各受力、连接部位，全部合格后方可起吊。 2）抱杆应受力均匀，两侧拉线应拉好，不得左右倾斜。 3）杆顶起立离地面约0.8m时，应对杆塔进行一次冲击试验，对各受力点处做一次全面检查，确无问题，再继续起立。 4）起立至60°后，应减缓速度，注意控制各侧拉绳，防止电杆倾斜。 5）起立至80°时，停止牵引，以临时拉线调整电杆。 6）固定临时拉线时，不得固定在有可能移动的物体上或其他不可靠的物体上。 7）一个锚桩上的临时拉线不得超过两根。 8）利用已有杆塔立杆，应先检查杆塔根部，必要时增设临时拉线。 9）立杆过程中基坑内禁止有人工作，除指挥人及指定人员外，其他人员距杆塔的距离应大于杆塔高度的1.2倍。 10）起吊过程中，人员不得站在或跨在已受力钢丝绳的内角侧
		（2）杆塔倾斜、弯曲、拉线受力不均或迈步、转向	调整杆塔倾斜、弯曲、拉线受力不均或迈步、转向时，应根据需要设置临时拉线及调节范围，并应有专人统一指挥
		（3）回填方法不当	1）已经立起的电杆，回填夯实后方可撤去拉绳。 2）回填土块直径应不大于30mm，每回填150mm应夯实一次。 3）杆基未完全夯实牢固和拉线未制作完成前，禁止攀登
5	组装	（1）高处坠物	1）现场作业人员必须戴安全帽。 2）杆塔上的作业人员应防止掉落物品，工具、材料不得随意抛扔。 3）杆塔下及作业点垂直下方不准有人逗留，传递人员应避开重物下方。 4）工器具、材料应使用绳索传递或放入专用工具袋
		（2）移位失去保护	在杆塔上移位时，不得失去安全带（绳）的保护，应做到踩稳抓牢
		（3）临时拉线使用不当	1）杆塔上有人时，不得调整或拆除临时拉线。 2）拉线杆塔的临时拉线应在永久拉线全部安装完毕并承力后方可拆除。 3）使用临时拉线不宜过夜，需要过夜时，应对临时拉线采取加固措施

五、作业风险管控督查例会

（1）各单位应围绕作业计划，以专业管理为核心，依托各级各类专业工作和安全例会，分层分级构建作业风险分析预控和监督工作机制，强化作业组织管理，规范开展作业风险分析辨识、评估定级及管控措施督促执行等工作。

（2）省公司级单位每周由副总师及以上负责同志主持、安监部门牵头召开督查会议，对本单位作业风险管控情况和各专业二级及以上作业风险评估定级、管控措施制定等进行督查。

（3）地市级单位每周由副总师及以上负责同志主持、安监部门牵头召开督查会议，对本单位作业风险管控情况和各专业三级及以上作业风险评估定级、管控措施制定等进行督查。

六、风险公示告知

（1）地市（县）公司级单位、二级机构按照"谁管理、谁公示"原则，以审定的作业计划、风险等级、管控措施为依据，每周日前对本层级（不含下层级）管理的下周所有作业风险进行全面公示。

（2）风险公示内容应包括：作业内容、作业时间、作业地点、专业类型、风险等级、风险因素、作业单位、工作负责人姓名及联系方式、到岗到位人员信息等。

（3）地市（县）公司级单位作业风险内容由安监部门汇总后在本单位网页公告栏内进行公示；各工区、项目部等二级机构均应在醒目位置张贴作业风险内容。

（4）各单位、专业、班组应充分利用工作例会、班前会等，逐级组织交待工作任务、作业风险和管控措施，并通过移动作业 App 从上至下将"四清楚"（作业任务清楚、作业流程清楚、危险点清楚、安全措施清楚）任务传达到岗、到人。

七、现场风险管控

（1）作业开始前，工作负责人应提前做好准备工作。

1）核实作业必需的工器具和个人安全防护用品，确保合格有效。

2）核实作业人员是否具备安全准入资格、特种作业人员是否持证上岗、特种设备是否检测合格。

3）按要求装设视频监控终端等设备，并通过移动作业 App 与作业计划关联。

4）工作许可人、工作负责人共同做好现场安全措施的布置、检查及确认等工作，必要时进行补充完善，并做好相关记录。安全措施布置完成前，禁止作业。

（2）工作负责人办理工作许可手续后，组织全体作业人员开展安全交底，并应用移动作业 App 留存工作许可、安全交底录音或影像等资料。

（3）工作票（作业票）签发人或工作负责人对有触电危险、施工复杂容易发生事故的作业，应增设专责监护人，确定被监护的人员和监护范围，专责监护人不得兼做其他工作。

（4）现场作业过程中，工作负责人、专责监护人应始终在作业现场，严格执行工作监护和间断、转移等制度，做好现场工作的有序组织和安全监护。工作负责人重点抓好作业过程中的危险点管控，应用移动作业 App 检查和记录现场安全措施落实情况。

（5）各级单位应建立健全生产作业到岗到位管理制度，明确到岗到位标准和工作内容，实行分层分级管理。

1）三级风险作业，相关地市级单位或建设管理单位专业管理部门、县公司级单位负责人或管理人员应到岗到位。

2）二级风险作业，相关地市级单位或建设管理单位分管领导或专业管理部门负责人应到岗到位；省公司级单位专业管理部门应按有关规定到岗到位。

3）输变电工程到岗到位要求按照《国家电网有限公司输变电工程建设安全管理规定》执行。

（6）各级单位应加强作业现场安全监督检查，充分发挥安全监督体系和保证体系作用，依托各级安全管控中心、安全督查队等对各类作业现场开展"四不两直"现场和远程视频安全督查。

1）省公司级单位应对所辖范围内的二级风险作业现场开展全覆盖督查。

2）地市公司级单位应对所辖范围内的三级及以上风险作业现场开展全覆盖督查。

3）县公司级单位对所辖范围内的作业现场开展全覆盖督查。

（7）现场工作结束后，工作负责人应配合设备运维管理单位做好验收工作，核实工器具、视频监控设备回收情况，清点作业人员，应用移动作业 App 做好工作终结记录。

（8）工作结束后，班组长应组织全体班组人员召开班后会，对作业现场安全管控措施落实及"两票三制"执行情况进行总结评价，分析不足，表扬遵章守纪行为，批评忽视安全、违章作业等不良现象。

八、评价考核

（1）定期分析评估作业风险管控工作执行情况，督促落实安全管控工作标准和措施，持续改进和提高作业安全管控工作水平。

（2）将作业风险管控工作纳入日常督查工作内容，将无计划作业、随意变更作业计划、风险评估定级不严格、管控措施不落实等情形纳入违章行为进行严肃通报处罚。

九、应急处置

针对现场具体作业项目编制风险失控现场应急处置方案，组织作业人员学习并掌握现场处置方案，现场应急处置方案范例见附录 B。现场工作人员应定期接受培训，学会紧急救护法，会正确脱离电源，会心肺复苏法，会转移搬运伤员等。

第四章

隐患排查治理

第一节 概 述

本节依据国家电网有限公司发布的《安全隐患排查治理管理办法》，阐述安全隐患的定义和分级、职责与分工、排查治理流程、信息报送等要求，以及对安全隐患流程化控制，做到安全隐患的分类分级管理和全过程闭环管控。

一、定义和分级

1. 安全隐患的定义

安全隐患是指安全风险程度较高，可能导致事故发生的作业场所、设备设施、电网运行的不安全状态、人的不安全行为和安全管理方面的缺失。

不是所有的违章都属于安全隐患，只有属于"十不干、十条禁令、五条红线、关键点作业、三算四验五禁止、复工五项基本条件"等严重及以上的违章才属于隐患。

安全隐患与设备缺陷有延续性，又有区别。超出设备缺陷管理制度规定的消缺周期仍未消除的设备危急缺陷和严重缺陷，包括"严重缺陷、危急缺陷、批量的、家族性的缺陷、十八项反措"即为安全隐患。

2. 安全隐患的分级

根据可能造成的事故后果，安全隐患分为Ⅰ级重大事故隐患、Ⅱ级重大事故隐患、一般事故隐患和安全事件隐患四个等级。对于人身、电网、设备和信息系统事件，依据《国家电网有限公司安全事故调查规程》（国家电网安监〔2020〕820号）认定；交通、火灾、环境污染和飞行事故等依据国家有关规定认定。

（1）Ⅰ级重大事故隐患指可能造成以下后果的安全隐患：

1）1～2 级人身、电网或设备事件；

2）水电站大坝溃决事件；

3）特大交通事故，特大或重大火灾事故；

4）重大以上环境污染事件。

（2）Ⅱ级重大事故隐患指可能造成以下后果或安全管理存在以下情况的安全隐患：

1）3～4 级人身或电网事件；

2）3 级设备事件，或 4 级设备事件中造成 100 万元以上直接经济损失的设备事件，或造成水电站大坝漫坝、结构物或边坡垮塌、泄洪设施或挡水结构不能正常运行事件；

3）5 级信息系统事件；

4）重大交通事故，较大或一般火灾事故；

5）较大或一般等级环境污染事件；

6）重大飞行事故；

7）安全管理隐患，包括安全监督管理机构未成立，安全责任制未建立，安全管理制度、应急预案严重缺失，安全培训发电机组（风电场）并网安全性评价未定期开展，水电未开展安全注册和定期检查等。

（3）一般事故隐患指可能造成以下后果的安全隐患：

1）5～8 级人身事件；

2）其他 4 级设备事件，5～7 级电网或设备事件；

3）6～7 级信息系统事件；

4）一般交通事故，火灾（7 级事件）；

5）一般飞行事故；

6）其他对社会造成影响事故的隐患。

（4）安全事件隐患指可能造成以下后果的安全隐患：

1）8 级电网或设备事件；

2）8 级信息系统事件；

3）轻微交通事故，火警（8 级事件）；

4）通用航空事故征候，航空器地面事故征候。

安全隐患划分为电网运行及二次系统、输电、变电、配电、发电、电网规划、电力建设、信息通信、环境保护、交通、消防、装备制造、煤矿、安全保卫、后勤和其他共十六大类进行统计，每一类均包含设备、系统、管理和其他隐患。

安全隐患等级实行动态管理。依据隐患的发展趋势和治理进展，隐患的等级可进行相应调整。

二、职责与分工

根据"统一领导、落实责任、分级管理、分类指导、全员参与"的要求，国家电网公司建立总部分部、省、地市和县公司级单位组成的四级隐患排查治理工作机制。各级单位主要负责人对本单位隐患排查治理工作负全部责任。

安全隐患所在单位是安全隐患排查、治理和防控的责任主体。发展策划、人力资源、运维检修、调度控制、基建、营销、农电、科技（环保）、信息通信、消防保卫、后勤和产业等部门是本专业隐患的归口管理部门，负责组织、指导、协调专业范围内隐患排查治理工作，承担闭环管理责任。

各级安全监察部门是隐患排查治理的监督部门，负责督办、检查隐患排查治理工作，归口管理相关数据的汇总、统计、分析、上报。

各级单位将生产经营项目、工程项目、场所、设备发包、出租或代维的，应当与承包、承租、代维单位签订安全生产管理协议，并在协议中明确各方对安全隐患排查、治理和防控的管理职责；对承包、承租、代维单位隐患排查治理负有统一协调和监督管理的职责。

三、排查治理流程

1. 隐患排查治理流程

隐患排查治理应纳入日常工作中，按照"排查（发现）—评估报告—治理（控制）—验收销号"的流程形成闭环管理。

（1）安全隐患排查（发现）。

1）排查范围应包括所有与生产经营相关的安全责任体系、管理制度、场所、环境、人员、设备设施和活动等。

2）排查方式主要有：① 电网年度和临时运行方式分析；② 各类安全性评价或安全标准化查评；③ 各级各类安全检查；④ 各专业结合年度、阶段性重点工作和"二十四节气表"组织开展的专项隐患排查；⑤ 设备日常巡视、检修预试、在线监测和状态评估、季节性（节假日）检查；⑥ 风险辨识或危险源管理；⑦ 已发生事故、异常、未遂、违章的原因分析，事故案例或安全隐患范例学习等。

3）排查方案编制应依据有关安全生产法律、法规或者设计规范、技术标准以及企业的安全生产目标等，确定排查目的、参加人员、排查内容、排查时间、排查安排、排查记录要求等内容。

（2）安全隐患评估报告。

1）安全隐患的等级由隐患所在单位按照预评估、评估、认定三个步骤确定。重大事故隐患由省公司级单位或总部相关职能部门认定；一般事故隐患由地市公司级单位认定；安全事件隐患由地市公司级单位的二级机构或县公司级单位认定。

2）地市和县公司级单位对于发现的隐患应立即进行预评估。初步判定为一般事故隐患的，1 周内报地市公司级单位的专业职能部门，地市公司级单位接报告后 1 周内完成专业评估、主管领导审定，确定后 1 周内反馈意见；初步判定为重大事故隐患的，立即报地市公司级单位专业职能部门，经评估仍为重大隐患的，地市公司级单位立即上报省公司级单位专业职能部门核定，省公司级单位应于 3 天内反馈核定意见，地市公司级单位接核定意见后，应于 24h 内通知重大事故隐患所在单位。

3）地市公司级单位评估判断存在重大事故隐患后，应按照管理关系以电话、传真、电子邮件或信息系统等形式立即上报省公司级单位的专业职能部门和安全监察部门，并于 24h 内将详细内容报送省公司级单位专业职能部门核定。

（3）安全隐患治理（控制）。安全隐患一经确定，隐患所在单位应立即采取防止隐患发展的控制措施，防止事故发生，同时根据隐患具体情况和急迫程度，及时制定治理方案或措施，抓好隐患整改，按计划消除隐患，防范安全风险。

1）重大事故隐患治理应制定治理方案，由省公司级单位专业职能部门负责或其委托地市公司级单位编制，省公司级单位审查批准，在核定隐患后 30 天内完成编制、审批，并由专业部门定稿后 3 天内抄送省公司级单位安全监察部门备案，受委托管理设备单位应在定稿后 5 天内抄送委托单位相关职能部门和安全监察部门备案。

重大事故隐患治理方案应包括：① 隐患的现状及其产生原因；② 隐患的危害程度和整改难易程度分析；③ 治理的目标和任务；④ 采取的方法和措施；

⑤ 经费和物资的落实；⑥ 负责治理的机构和人员；⑦ 治理的时限和要求；⑧ 防止隐患进一步发展的安全措施和应急预案。

2）一般事故隐患治理应制定治理方案或管控（应急）措施，由地市公司级单位负责在审定隐患后 15 天内完成。其中，对由于主网架结构性缺陷或主设备普遍性问题，以及重要枢纽变电站、跨多个地市公司级单位管辖的重要输电线路处于检修或切改状态造成的隐患治理方案由省公司级单位专业职能部门编制，并经本单位批准。

3）安全事件隐患应制定治理措施，由地市公司级单位二级机构或县公司级单位在隐患认定后 1 周内完成，地市公司级单位有关职能部门予以配合。

4）安全隐患治理应结合电网规划和年度电网建设、技改、大修、专项活动、检修维护等进行，做到责任、措施、资金、期限和应急预案"五落实"。

5）公司总部、分部、省公司级单位和地市公司级单位应建立安全隐患治理快速响应机制，设立绿色通道，将治理隐患项目统一纳入综合计划和预算优先安排，对计划和预算外急需实施的项目须履行相应决策程序后实施，报总部备案，作为综合计划和预算调整的依据；对治理隐患所需物资应及时调剂、保障供应。

6）未能按期治理消除的重大事故隐患，经重新评估仍确定为重大事故隐患的须重新制定治理方案，进行整改。对经过治理、危险性确已降低、虽未能彻底消除但重新评估定级降为一般事故隐患的，经省公司级单位核定可划为一般事故隐患进行管理，在重大事故隐患中销号，但省公司级单位要动态跟踪直至彻底消除。

7）未能按期治理消除的一般事故隐患或安全事件隐患，应重新进行评估，依据评估后等级重新填写"重大、一般事故或安全事件隐患排查治理档案表"，重新编号，原有编号销除。

（4）安全隐患治理验收销号。

1）隐患治理完成后，隐患所在单位应及时报告有关情况、申请验收。省公司级单位组织对重大事故隐患治理结果和第十七条第四款规定的安全隐患进行验收，地市公司级单位组织对一般事故隐患治理结果进行验收，县公司级单位或地市公司级单位二级机构组织对安全事件隐患治理结果进行验收。

2）事故隐患治理结果验收应在提出申请后 10 天内完成。验收后填写"重大、一般事故或安全事件隐患排查治理档案表"。重大事故隐患治理应有书面验收报告，并由专业部门定稿后 3 天内抄送省公司级单位安全监察部门备案，受委托管理设备单位应在定稿后 5 天内抄送委托单位相关职能部门和安全监察部门备案。

3）隐患所在单位对已消除并通过验收的应销号，整理相关资料，妥善存档；具备条件的应将书面资料扫描后上传至信息系统存档。

2. 安全隐患专项排查

各级单位、各专业应采取技术、管理措施，结合常规工作、专项工作和监督检查工作排查、发现安全隐患，明确排查的范围和方式方法，专项工作还应制定排查方案。

四、信息报送要求

分部、省、地市和县公司级单位安全监察部门应分别明确一名专责人，负责安全隐患的汇总、统计、分析、数据库管理、信息报送等工作。相关专业职能部门应明确一名专责人，负责专业范围内安全隐患的统计、分析、信息报送等工作。

重大事故隐患和一般事故隐患需逐级统计、上报至公司总部；安全事件隐患由地市公司级单位统计、上报至省公司级单位，省公司级单位汇总后报公司总部备案。

对于重大事故隐患，分部、省、地市和县公司级单位应按相关规定向地方政府有关部门报告。

第二节　常见隐患排查治理

为进一步指导基层单位更好地开展隐患排查治理工作，本节结合配电专业的特点，通过隐患举例让各级人员初步具备辨识隐患、填报隐患的能力。同时对隐患的填报进行简要的介绍。

一、隐患档案

各单位应运用安全隐患管理信息系统，做到"一患一档"。

隐患档案应包括隐患简题、隐患来源、隐患内容、隐患编号、隐患所在单位、专业分类、归属职能部门、评估等级、整改期限、整改完成情况等。隐患排查治理过程中形成的传真、会议纪要、正式文件、治理方案、验收报告等也应归入隐患档案。

1. 隐患简题内容填写要求

隐患简题作为隐患档案的标题，做到文字简洁、表达恰当、描述准确、内容全面。简题中应包含：单位名称（地市公司、县公司简称）＋发现时间＋电压等级＋设备（或线路）名称＋隐患地点、部位（要写具体）＋隐患简况（注：写隐患现状与标准之间的差异，要写精确，能够与同类隐患区分）。所在单位不得混淆。

2. 隐患内容填写要求

（1）基本信息：国网××供电有限公司××月××日，××在××过程中。

（2）隐患现状：发现××存在××的现象。

（3）违反条例：不满足《××规程》（编号××）第××条"××"的规定内容。

（4）后果分析：若××可能导致××发生。

（5）定级依据：按照《国家电网有限公司安全事故调查规程》（2021版）第××规定："××"，构成××级××事件（5～8级人身事件不出现等级）。

（6）定性依据：按照《国家电网公司安全隐患排查治理管理办法》规定：事件定性为××。

隐患排查治理档案表如表4－1、表4－2所示。

表4－1　　　　　　　　重大事故隐患排查治理档案表

××××年度　　　　　　　　　　　　　　　　　　　××××公司

	隐患简题			隐患来源	
排查	隐患编号		隐患所在单位	专业分类	
	隐患发现人		发现人单位	发现日期	
	隐患内容及原因				
预评估	隐患危害程度（可能导致后果）			归属职能部门	
	预评估等级		预评估负责人签名/日期	县公司及单位（工区）审核签名/日期	

续表

评估	评估等级		评估负责人签名/日期		地市公司级单位领导审核签名/日期	
核定	省公司级单位核定意见				职能部门负责人签名/日期	
治理	治理责任单位		治理期限	自　年　月　日至　年　月　日		
	安全第一责任人		联系电话			
	整改负责人		联系电话			
	是否计划外项目		是否完成计划外备案手续			
	治理目标任务是/否落实		治理经费物资是/否落实			
	治理时间要求是/否落实		治理机构人员是/否落实			
	安全措施应急预案是/否落实		累计完成治理资金（万元）			
	治理计划或治理方案（防控、整改措施和应急预案）					
	治理完成情况					
验收	验收申请单位		负责人		日期	
	验收组织单位					
	验收意见和结论					
	验收组长			日期		

注　1. 安全隐患按发现顺序编号，格式为：单位汉字名称简写＋年号（4位）＋顺序号（4位）。县公司级单位汉字名称简写前应加所在城市名称简称。

　　2. 本表由安全隐患所在单位负责填写、流转和管理，验收后报安全监察部门建档。

表 4-2   一般事故隐患排查治理档案表

××××年度   ××××公司

排查	隐患简题			隐患来源	
	隐患编号		隐患所在单位	专业分类	
	隐患发现人		发现人单位	发现日期	
	隐患内容及原因				
预评估	隐患危害程度（可能导致后果）			归属职能部门	
	预评估等级		预评估负责人	日期	
			县公司级单位（工区）审核	日期	
评估	评估等级		评估负责人	日期	
			地市公司级单位领导审定	日期	
治理	治理责任单位		治理期限	自　年　月　日至　年　月　日	
	安全第一责任人		联系电话		
	整改负责人		联系电话		
	是否计划外项目		是否完成计划外备案手续		
	治理计划（防控、整改措施和应急预案）				
	治理完成情况				
验收	验收申请单位		负责人	日期	
	验收组织单位				
	验收意见和结论				
	验收组长		日期		

注 1. 安全隐患按发现顺序编号，格式为：单位汉字名称简写＋年号（4位）＋顺序号（4位）。县公司级单位汉字名称简写前应加所在城市名称简称。

2. 本表由安全隐患所在单位负责填写、流转和管理，验收后报安全监察部门建档。

二、配电专业常见隐患举例

1. 配电专业常见隐患

（1）配电架空线路：① 杆路矛盾；② 交叉跨越距离不足；③ 线路对地距离不足；④ 安全标志、标识缺失；⑤ 电杆裂纹、倾斜、倒杆；⑥ 配电变压器对地距离不足。

（2）配电电缆：① 老旧设备；② 电缆沟道渗水或通道堵塞；③ 电缆埋深不足；④ 电缆终端和中间接头破损。

（3）配电设备：① 防误装置损坏；② 设备装置工艺不达标。

（4）外部环境：① 树线矛盾；② 违章建筑；③ 地质灾害；④ 违章施工。

（5）设计类：与燃气管线、国防光缆距离不满足要求。

（6）管理类：规章制度修编不及时。

（7）配电运行：① 外力破坏防护不够；② 配电变压器重载或超载。

2. 安全隐患填报举例

（1）配电线路倒杆隐患举例。

隐患简题：国网××县供电公司 08 月 17 日，发现 10kV 赤坞 137 线#114 杆电杆处在山区小溪边，汛期由于河道冲刷造成杆基处空洞，存在倒杆断线的安全隐患。

事故隐患内容：国网××县供电公司 08 月 11 日，××供电所巡视人员刘××在日常巡视过程中，发现 10kV 赤坞 137 线#114 杆由于电杆处在山区小溪边，杆基处砂石松散，所处地质为黄沙土石层，汛期由于河道冲刷，泥沙流失造成杆基邻近漫水冲刷区，影响杆基的稳定性，存在倒杆断线的安全隐患。不符合《配电网运维规程》（Q/GDW 1519—2014）6.2.2 规定"杆塔和基础巡视的主要内容）7. 基础无损坏、下沉、上拔，周围土壤无挖掘或沉陷，杆塔埋深符合要求。"不符合《国家电网公司十八项电网重大反事故措施（修订版）及编制说明》，第 6.1.1.3 条规定"对于易发生水土流失、洪水冲刷、山体滑坡、泥石流等地段的杆塔，应采取加固基础、修筑挡土墙、排水沟、改造上下边坡等措施。若不及时进行基础加固继续冲刷，可能导致电杆埋深不足倒杆断线跳闸。"依据《国家电网公司安全事故调查规程（2021 版）》4.3.8.2 "10kV 以上输变电设备跳闸（10kV 线路跳闸重合成功不计）、被迫停止运行、非计划检修或停止备用，构成八级设备事件。"按照《国家电网公司安全隐患排查治理管理办法》规定：八级设备事件定性为安全事件隐患。

（2）配电线路树线矛盾隐患举例。

隐患简题：国网××供电公司 08 月 11 日，发现 10kV 户山 B22 线 85#杆处存在树线距离不足的设备安全隐患。

事故隐患内容：国网××供电公司××供电分公司 08 月 11 日，××供电所王××在巡视过程中，发现 10kV 户山 B22 线 85#杆处存在树线距离不足的现象，不满足《配电网运维规程》（Q/GDW 1519—2014）表 C.3 "架空线路与果树、经济作物、城市绿化、灌木的最小垂直距离，10kV 为 1.5（1.0）m"的规定内容。若树木触碰导线或其他带电设备，可能发生线路短路，导致 10kV 线路异常运行或跳闸。按照《国家电网公司事故调查规程》（2021 版）第 4.2.8.1 条 "10kV（含 20kV、6kV）供电设备（包括母线、直配线）异常运行或被迫停止运行，并造成减供负荷者"，构成八级电网事件。按照《国家电网公司安全隐患排查治理管理办法》规定：八级电网事件定性为安全事件隐患。

（3）配电线路路中杆隐患举例。

隐患简题：国网××县供电公司 08 月 18 日，发现 0.4kV 对河口下东坞 1#线原 7#杆在路中间的安全隐患。

事故隐患内容：国网××县供电公司 08 月 18 日，××供电所低压一班工作人员李××在巡视检查中，发现 0.4kV 对河口下东坞1#线原7#杆退役后未及时拔除，因公路拓宽成为路中杆的现象。不符合《配电网运维规程》（Q/GDW 1519—2014）6.2.2 规定："杆塔和基础巡视的主要内容：g）杆塔位置是否合适，有无被车撞的可能，保护设施是否完好，安全标示是否清晰。"可能导致车辆、行人撞杆致人身意外伤害的发生。依据《国家电网有限公司安全事故调查规程》（2021 版）第 4.1.2.8 条："无人员死亡和重伤，但造成 1～2 人轻伤者"构成人身伤害事件。按照《国家电网公司安全隐患排查治理管理办法》规定，人身伤害事件定性为一般事故隐患。

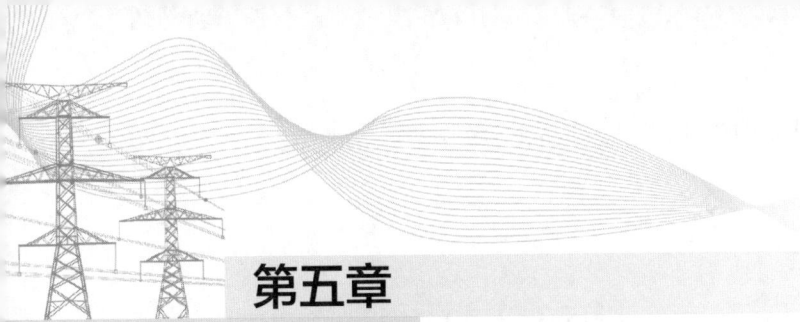

第五章

生产现场的安全设施

为规范电力线路安全设施的配置，创造安全清晰的工作环境，保障人员安全与健康，依据职业安全卫生有关法律、法规和安全管理有关规定，结合电力线路现场实际，国家电网公司制定了安全设施标准。电力线路生产活动所涉及的场所、设备（设施）、检修施工等特定区域以及其他有必要提醒人们注意安全的场所，应配置使用标准化的安全设施。

安全设施的配置要求包括：

（1）安全设施应清晰醒目、规范统一、安装可靠、便于维护，适应使用环境的要求。

（2）安全设施所用的颜色应符合 GB 2893《安全色》的规定。

（3）电力线路杆塔应标明线路名称、杆（塔）号、色标，并在线路保护区内设置必要的安全警示标志。

（4）电力线路一般应采用单色色标，线路密集地区可采用不同颜色的色标加以区分。

（5）安全设施设置后，不应构成对人身伤害、设备安全的潜在风险或妨碍正常工作。

第一节 安 全 标 志

安全标志是指用以表达特定安全信息的标志，由图形符号、安全色、几何形状（边框）和文字构成。安全标志分禁止标志、警告标志、指令标志、提示标志四大基本类型和消防、道路安全标志等特定类型。

一、一般规定

（1）安全标志一般使用相应的通用图形标志和文字辅助标志的组合标志。

（2）安全标志一般采用标志牌的形式，宜使用衬边，以使安全标志与周围环境之间形成较为强烈的对比。

（3）安全标志牌应设在与安全有关场所的醒目位置，便于走近电力线路或进入电缆隧道的人们看见，并有足够的时间来注意它所表达的内容。环境信息标志宜设在有关场所的入口处和醒目处；局部环境信息应设在所涉及的相应危险地点或设备（部件）的醒目处。

（4）安全标志牌不宜设在可移动的物体上，以免标志牌随母体物体的移动而相应移动，影响认读。标志牌前不得放置妨碍认读的障碍物。

（5）多个标志在一起设置时，应按照警告、禁止、指令、提示类型的顺序，先左后右、先上后下地排列，且应避免出现相互矛盾、重复的现象。也可以根据实际，使用多重标志。

（6）安全标志牌的固定方式分附着式、悬挂式和柱式。附着式和悬挂式的固定应稳固不倾斜，柱式的标志牌和支架应连接牢固。临时标志牌应采取防止倾倒、脱落、移位的措施。

（7）安全标志牌应设置在明亮的环境中。

（8）安全标志牌设置的高度应尽量与人眼的视线高度相一致，悬挂式和柱式的环境信息标志牌的下缘距地面的高度不宜小于 2m，局部信息标志的设置高度应视具体情况确定。

（9）安全标志牌应定期检查，如发现破损、变形、褪色等不符合要求的情况时，应及时修整或更换。修整或更换时，应有临时的标志替换，以避免发生意外伤害。

（10）电缆隧道入口，应根据电压等级等具体情况，在醒目位置按配置规范设置相应的安全标志牌，如"当心触电""当心中毒""未经许可　不得入内""禁止烟火""注意通风""必须戴安全帽"等。

（11）电力线路杆塔，应根据电压等级、线路途经区域等具体情况，在醒目位置按配置规范设置相应的安全标志牌，如"禁止攀登　高压危险"等。

（12）在人口密集或交通繁忙区域施工时，应根据环境设置必要的交通安全标志。

二、禁止标志及设置规范

禁止标志是指禁止或制止人们的不安全行为的图形标志。常用禁止标志名称、图形示例及设置规范见表 5-1。

表 5-1　　　　常用禁止标志名称、图形示例及设置规范

序号	名称	图形示例	设置范围和地点
1	禁止吸烟	禁止吸烟	电缆隧道的出入口、电缆井内、检修井内、电缆接续作业的临时围栏等处
2	禁止烟火	禁止烟火	电缆隧道出入口等处
3	禁止跨越	禁止跨越	不允许跨越的深坑（沟）等危险场所安全遮栏等处
4	禁止停留	禁止停留	高处作业现场、吊装作业现场等处
5	未经许可不得入内	未经许可 不得入内	易造成事故或对人员有伤害的场所，如电缆隧道入口处
6	禁止通行	禁止通行	有危险的作业区域入口处或安全遮栏等处

序号	名称	图形示例	设置范围和地点
7	禁止堆放	禁止堆放	消防器材存放处、消防通道等处
8	禁止合闸　线路有人工作	禁止合闸 线路有人工作	线路断路器和隔离开关把手上
9	禁止攀登　高压危险	禁止攀登 高压危险	线路杆塔下部，距地面约 3m 处
10	禁止开挖下有电缆	禁止开挖下有电缆	禁止开挖的地下电缆线路保护区内
11	禁止在高压线下钓鱼	禁止在高压线下钓鱼	跨越鱼塘线路下方的适宜位置
12	禁止取土	禁止取土	线路保护区内杆塔、拉线附近的适宜位置
13	禁止在高压线附近放风筝	禁止在高压线附近放风筝	经常有人放风筝的线路附近的适宜位置

续表

序号	名称	图形示例	设置范围和地点
14	禁止在保护区内建房	禁止在保护区内建房	线路下方及保护区内
15	禁止在保护区内植树	禁止在保护区内植树	线路电力设施保护区内植树严重地段
16	禁止在保护区内爆破	禁止在保护区内爆破	线路途经石场、矿区等
17	线路保护警示牌	线路保护区内 禁止植树 举报电话：95598	对应装设易发生外力破坏的线路保护区内

三、警告标志及设置规范

警告标志是指提醒人们对周围环境提高注意，以避免可能发生危险的图形标志。常用警告标志名称、图形示例及设置规范见表 5-2。

表 5-2　　　　常用警告标志名称、图形示例及设置规范

序号	名称	图形示例	设置范围和地点
1	注意安全	注意安全	易造成人员伤害的场所及设备处
2	注意通风	注意通风	电缆隧道入口等处

续表

序号	名称	图形示例	设置范围和地点
3	当心火灾	当心火灾	易发生火灾的危险场所，如电气检修试验、焊接及有易燃易爆物质的场所
4	当心爆炸	当心爆炸	易发生爆炸的危险场所，如易燃易爆物质的使用或受压容器的存放等地点
5	当心中毒	当心中毒	可能产生有毒物质的电缆隧道等地点
6	当心触电	当心触电	有可能发生触电危险的电气设备和线路
7	当心电缆	当心电缆	暴露的电缆或地面下有电缆处施工的地点
8	当心机械伤人	当心机械伤人	易发生机械卷入、轧压、碾压、剪切等机械伤害的作业地点
9	当心伤手	当心伤手	易造成手部伤害的作业地点，如机械加工工作场所等
10	当心扎脚	当心扎脚	易造成脚部伤害的作业地点，如施工工地及有尖角散料等处

续表

序号	名称	图形示例	设置范围和地点
11	当心吊物	当心吊物	有吊装设备作业的场所，如施工工地等处
12	当心坠落	当心坠落	在易发生坠落事故的作业地点，如脚手架、高处平台、地面的深沟（池、槽）等处
13	当心落物	当心落物	易发生落物的危险地点，如高处作业、立体交叉作业的下方等处
14	当心坑洞	当心坑洞	生产现场和通道临时开启或挖掘的孔洞四周的围栏等处
15	当心弧光	当心弧光	易发生由于弧光造成眼部伤害的各种焊接作业场所等处
16	当心车辆	当心车辆	施工区域内车、人混合行走的路段，道路的拐角处、平交路口，车辆出入较多的施工区域出入口处
17	当心滑跌	当心滑跌	地面有易造成伤害的滑跌地点，如地面有油、冰、水等物质及滑坡处
18	止步　高压危险	止步 高压危险	带电设备的固定遮栏上，高压试验地点的安全围栏上，因高压危险禁止通行的过道上，工作地点邻近室外带电设备的安全围栏上等处

四、指令标志及设置规范

指令标志是指强制人们必须做出某种动作或采用防范措施的图形标志。常用指令标志名称、图形示例及设置规范见表 5-3。

表 5-3　　　　　　　常用指令标志名称、图形示例及设置规范

序号	名称	图形示例	设置范围和地点
1	必须戴防护眼镜	 必须戴防护眼镜	对眼睛有伤害的作业场所，如机械加工、各种焊接等场所
2	必须戴安全帽	 必须戴安全帽	生产现场主要通道入口处，如电缆隧道入口、线路检修现场等可能产生高处落物的场所
3	必须戴防护手套	 必须戴防护手套	易伤害手部的作业场所，如具有腐蚀、污染、灼烫、冰冻及触电危险的作业等处
4	必须穿防护鞋	 必须穿防护鞋	易伤害脚部的作业场所，如具有腐蚀、灼烫、触电、砸（刺）伤等危险的作业地点
5	必须系安全带	 必须系安全带	易发生坠落危险的作业场所，如高处作业现场

五、提示标志及设置规范

提示标志是指向人们提供某种信息（如标明安全设施或场所等）的图形标志。常用提示标志名称、图形示例及设置规范见表 5-4。

表 5−4　　　　　常用提示标志名称、图形示例及设置规范

序号	名称	图形示例	设置范围和地点
1	从此上下	从此上下	工作人员可以上下的铁（构）架、爬梯上
2	从此进出	从此进出	户外工作地点围栏的出入口处
3	在此工作	在此工作	在工作地点处

六、消防安全标志及设置规范

消防安全标志是指用以表达与消防有关的安全信息，由安全色、边框、以图像为主要特征的图形符号或文字构成的标志。

在电缆隧道入口处以及储存易燃易爆物品仓库门口处应合理配置灭火器等消防器材，在火灾易发生部位应设置火灾探测和自动报警装置。

各生产场所应有逃生路线的标志，楼梯主要通道门上方或左（右）侧应装设紧急撤离提示标志。

常用消防安全标志名称、图形示例及设置规范见表 5−5。

表 5−5　　　　常用消防安全标志名称、图形示例及设置规范

序号	名称	图形示例	设置范围和地点
1	消防手动启动器		依据现场环境，设置在适宜、醒目的位置
2	火警电话	119	依据现场环境，设置在适宜、醒目的位置

续表

序号	名称	图形示例	设置范围和地点
3	消火栓箱		生产场所构筑物内的消火栓处
4	灭火器		悬挂在灭火器、灭火器箱的上方或存放灭火器、灭火器箱的通道上，泡沫灭火器器身上应标注"不适用于电火"字样
5	消防水带		指示消防水带、软管卷盘或消火栓箱的位置
6	灭火设备或报警装置的方向		指示灭火设备或报警装置的方向
7	疏散通道方向		指示到紧急出口的方向。用于在电缆隧道中指向最近出口处
8	紧急出口		便于安全疏散的紧急出口处，与方向箭头结合设在通向紧急出口的通道、楼梯口等处

序号	名称	图形示例	设置范围和地点
9	从此跨越		悬挂在横跨桥栏杆上，面向人行横道

七、道路标志及设置规范

根据 Q/GDW 1799.2《国家电网公司电力安全工作规程（线路部分）》规定，对于电力线路跨越道路或占道施工以及道路开挖施工作业，必须在不同部位设置道路警示标志牌和警示标志。具体规定如下：

（1）在居民区及交通道路附近开挖的基坑，应设坑盖或可靠遮栏，并加挂警告标示牌，夜间挂红灯。

（2）立、撤杆应设专人统一指挥。开工前，应交待施工方法、指挥信号和安全组织、技术措施，作业人员应明确分工、密切配合、服从指挥。在居民区和交通道路附近立、撤杆时，应具备相应的交通组织方案，并设警戒范围或警告标志，必要时派专人看守。

（3）交叉跨越各种线路、铁路、公路、河流等放、撤线时，应先取得主管部门同意，做好安全措施，如搭好可靠的跨越架、封航、封路、在路口设专人持信号旗看守等。

（4）各类交通道口的跨越架的拉线和路面上部封顶部分，应悬挂醒目的警告标示牌。

（5）在进行高处作业时，除有关人员外，不准他人在工作地点的下面通行或逗留，工作地点下面应有围栏或装设其他保护装置，防止落物伤人。如在格栅式的平台上工作，为了防止工具和器材掉落，应采取有效隔离措施，如铺设木板等。

（6）高处作业区周围的孔洞、沟道等应设盖板、安全网或围栏并有固定其位置的措施。同时，应设置安全标志，夜间还应设红灯示警。

（7）在市区或人口稠密的地区进行带电作业时，工作现场应设置围栏，并派专人监护，禁止非工作人员入内。

（8）在带电设备区域内使用汽车吊、斗臂车时，车身应使用不小于 16mm²

的软铜线可靠接地。在道路上施工应设围栏，并设置适当的警示标志牌。

（9）掘路施工应具备相应的交通组织方案，做好防止交通事故的安全措施。施工区域应用标准路栏等严格分隔，并有明显标记；夜间施工应佩戴反光标志，施工地点应加挂警示灯，以防行人或车辆等误入。

《中华人民共和国道路交通安全法》中关于设置道路警示标志牌和警示标志的相关规定如下：

（1）因工程建设需要占用、挖掘道路，或者跨越、穿越道路架设、增设管线设施，应当事先征得道路专管部门的同意；影响交通安全的，还应当征得公安机关交通管理部门的同意。

施工作业单位应当在经批准的路段和时间内施工作业，并在距离施工作业地点来车方向的安全距离处设置明显的安全警示标志，采取防护措施；施工作业完毕后，应当迅速清除道路上的障碍物，消除安全隐患，经道路主管部门和公安机关交通管理部门验收合格，符合通行要求后，方可恢复通行。

对未中断交通的施工作业道路，公安机关交通管理部门应当加强交通安全监督检查，维护道路交通秩序。

（2）电力企业施工、检修单位跨越道路和在道路上占道施工，为使后来的车辆及时发现避免发生碰撞事故，必须在施工地段两侧的足够安全的距离内设置警示牌，如图 5-1 所示。

图 5-1 电力施工道路警示牌

设置道路警示牌的具体要求如下：

（1）在高速公路上，警示牌应当设置在来车方向 150m 以外。如遇下雨天或拐弯处，则应当在 200m 以外设置警示牌，方能让后方车辆及早发现和慢速通行。

（2）在城市路面和普通公路上，警示牌应当设置在来车方向 50m 以外。

第二节　设　备　标　志

设备标志是指用以标明设备名称、编号等特定信息的标志，由文字和（或）图形构成。

一、一般规定

（1）电力线路应配置醒目的标志。配置标志后，不应构成对人身伤害的潜在风险。

（2）设备标志由设备编号和设备名称组成。

（3）设备标志应定义清晰，且能够准确反映设备的功能、用途和属性。

（4）同一单位的每台设备标志的内容应是唯一的，禁止出现两个或多个内容完全相同的设备标志。

（5）配电变压器、箱式变压器、环网柜、柱上熔断器等配电装置，应设置按规定命名的设备标志。

二、架空线路标志及设置规范

（1）线路每基杆塔均应配置标志牌或涂刷标志，标明线路的名称、电压等级和杆塔号。新建线路杆塔号应与杆塔数量一致。若线路改建，则改建线路段的杆塔号可采用"$n+1$"或"$n-1$"（n 为改建前的杆塔编号）形式。

（2）耐张型杆塔和分支杆塔前后各一基杆塔上，应有明显的相位标志。相位标志牌的基本形状为圆形，标准颜色为黄色、绿色、红色。

（3）在杆塔的适当位置宜喷涂线路名称和杆塔号，以使在标志牌丢失情况下仍能正确辨识杆塔。

（4）杆塔标志牌的基本样式一般为矩形、白底、红色黑体字，安装在杆塔的小号侧；特殊地形的杆塔，标志牌可悬挂在其他的醒目方位上。

（5）同杆架设的双（多）回路标志牌应在每回路对应的小号侧安装，特殊情况可在每回路对应的杆塔两侧安装。

（6）20kV 及以下电压等级线路悬挂高度距地面不得小于 2m。

三、电缆线路标志的设置规范

（1）电缆线路均应配置标志牌，标明线路的名称、电压等级、型号、长度、起止点名称。

（2）电缆标志牌的基本样式是矩形、白底、红色黑体字。

（3）电缆两端及隧道内应悬挂标志牌。隧道内标志牌间距约为 100m，电缆转角处也应悬挂标志牌。与架空线路相连的电缆，其标志牌应固定于连接处附近的本电缆上。

（4）电缆接头盒处应悬挂标明电缆线路名称、电压等级、型号、长度、始点、终点及接头盒编号的标志牌。

（5）电缆为单相时，应注明相位标志。

（6）电缆应设置路径、宽度标志牌（桩）。城区直埋电缆可采用地砖等形式，以满足城市道路交通安全的要求。

设备标志名称、图形示例及设置规范见表 5-6。

表 5-6　　　　　　设备标志名称、图形示例及设置规范

序号	名称	图形示例	设置范围和地点
1	单回路杆号标志牌	10kV××线 001号	安装在杆塔的小号侧。特殊地形的杆塔，标志牌可悬挂在其他的醒目方位上
2	双回路杆号标志牌	10kV××Ⅰ线 001号 10kV××Ⅱ线 001号	安装在杆塔的小号侧的杆塔水平材上。标志牌底色应与本回路的色标一致，字体为白色黑体字（黄底时为黑色黑体字）
3	多回路杆号标志牌	10kV××Ⅰ线 001号 10kV××Ⅰ线 001号	安装在杆塔的小号侧的杆塔水平材上，标志牌底色应与本回路的色标一致，字体为白色黑体字（黄底时为黑色黑体字）。色标颜色按照红黄绿蓝白紫排列使用
4	涂刷式杆号标志	10 kV ×× Ⅱ 线	涂刷在杆塔主材上，涂刷宽度为主材宽度，长度为宽度的4倍。双（多）回路塔号应以鲜明的异色标志加以区分。各回路标志的底色应与本回路的色标一致，白色黑体字（黄底时为黑色黑体字）

序号	名称	图形示例	设置范围和地点
5	双（多）回路杆塔标志		标志牌装设（涂刷）在杆塔横担上，以鲜明异色区分
6	相位标志牌	A B C	装设在终端塔、耐张塔、换位塔及其前后直线塔的横担上。电缆为单相时，应注明相别标志
7	涂刷式相位标志		涂刷在杆号标志的上方，涂刷宽度为铁塔主材宽度，长度为宽度的 3 倍
8	环网柜、电缆分接箱标志牌	10kV××线 001号环网柜	装设于环网柜或电缆分接箱的醒目处。其基本样式是矩形、白底、红色黑体字
9	电缆标志牌	10kV ××线 自：××变电站 至：××变电站 型号：YJLW02	电缆线路均应配置标志牌，标明电缆线路的名称、电压等级、型号参数、长度和起止变电站名称。其基本样式是矩形、白底、红色黑体字
10	电缆接头盒标志牌	10kV ××线 自：××变电站 至：××变电站	电缆接头盒应悬挂标明电缆编号、始点、终点及接头盒编号的标志牌
11	电缆接地盒标志牌	10kV ××线 自：××变电站 至：××变电站 长度：××m 001号接线盒	电缆接地盒应悬挂标明电缆编号、始点、起点至接头盒长度及接头盒编号的标志牌

第三节　安全防护设施

安全防护设施是指防止由外因引发的人身伤害、设备损坏而配置的防护装置和用具。

一、一般规定

（1）安全防护设施用于防止由外因引发的人身伤害，包括安全帽、安全带、临时遮栏（围栏）、孔洞盖板、爬梯遮栏门、安全工器具试验合格证标志牌、接地线标志牌及接地线存放地点标志牌、杆塔拉线、接地引下线、电缆防护套管及警示线、杆塔防撞警示线等装置和用具。

（2）工作人员进入生产现场，应根据作业环境中所存在的危险因素，穿戴或使用必要的防护用品。

（3）所有升降口、大小坑洞、楼梯和平台，应装设不低于1050mm高的栏杆和不低于100mm高的护板。如在检修期间需将栏杆拆除时，则应装设临时遮栏，并在检修工作结束后将栏杆立即恢复。

二、安全防护设施及配置规范

安全防护设施的名称、图形示例及配置规范见表5−7。

表 5−7　　　　　安全防护设施的名称、图形示例及配置规范

序号	名称	图形示例	设置范围和地点
1	安全帽	安全帽背面	（1）安全帽用于作业人员头部的防护。任何人进入生产现场，均应正确佩戴安全帽。 （2）安全帽前面有国家电网公司标志，后面为单位名称及编号，应按编号定置存放。 （3）安全帽实行分色管理。红色安全帽为管理人员使用，黄色安全帽为运行人员使用，蓝色安全帽为检修（施工、试验等）人员使用，白色安全帽为外来参观人员使用
2	安全带		（1）安全带用于防止高处作业人员发生坠落或发生坠落后将作业人员安全悬挂。 （2）在没有脚手架或者在没有栏杆的脚手架上工作，高度超过1.5m时，应使用安全带。 （3）安全带应标注使用班站名称、编号，并按编号定置存放。 （4）安全带在存放时应避免接触高温、明火、酸类以及有锐角的紧硬物体和化学药物
3	安全工器具试验合格证标志牌	安全工器具试验合格证 名称_____编号_____ 试验日期_____年___月___日 下次试验日期_____年___月___日	（1）安全工器具试验合格证标志牌应贴在经试验合格的安全工器具的醒目位置。 （2）安全工器具试验合格证标志牌可采用粘贴力强的不干胶制作，规格为60mm×40mm

序号	名称	图形示例	设置范围和地点
4	接地线标志牌及接地线存放地点标志牌		（1）接地线标志牌应固定在地线接地端线夹上。 （2）接地线标志牌应采用不锈钢板或其他金属材料制成，厚度为 1.0mm。 （3）接地线标志牌的尺寸为 $D=30\sim50\text{mm}$，$D_1=2.0\sim3.0\text{mm}$。 （4）接地线存放地点标志牌应固定在接地线存放的醒目位置
5	临时遮栏（围栏）		（1）临时遮栏（围栏）适用于下列场所： 1）有可能高处落物的场所； 2）检修、试验工作现场与运行设备的隔离； 3）检修、试验工作现场规范工作人员活动范围； 4）检修现场的安全通道； 5）检修现场的临时起吊场地； 6）防止其他人员靠近的高压试验场所； 7）安全通道或沿平台等边缘部位，因检修卸下、拆除常设栏杆的场所； 8）事故现场的保护； 9）需临时打开的平台、地沟、孔洞盖板的周围等。 （2）临时遮栏（围栏）应采用满足安全、防护要求的材料制作。有绝缘要求的临时遮栏采用干燥木材、橡胶或其他坚韧的绝缘材料制成。 （3）临时遮栏（围栏）的高度应为 1050～1200mm，防坠落遮栏应在下部装设不低于 180mm 高的挡脚板。 （4）临时遮栏（围栏）的强度和间隙应满足防护要求，装设应牢固可靠。 （5）临时遮栏（围栏）应悬挂安全标志，位置应根据实际情况而定
6	孔洞盖板		（1）适用于生产现场需打开的孔洞。 （2）孔洞盖板均应为防滑板，且应覆以与地面齐平的坚固的有限位的盖板。盖板边缘应大于孔洞边缘 100mm，限位块与孔洞边缘的距离不得大于 25～30mm，网络板孔眼不应大于 50mm×50mm。 （3）在检修工作中如需将孔洞盖板取下，应设临时围栏。临时打开的孔洞，在施工结束后应立即恢复原状；夜间不能恢复的，应加装警示红灯。 （4）孔洞盖板可制成与现场孔洞互相配合的矩形、正方形、圆形等形状，选用镶嵌式、覆盖式，并在其表面涂刷 45°黄黑相间的等宽条纹，宽度宜为 50～100mm。 （5）孔洞盖板的拉手可做成活动式，或在盖板两侧设直径约 8mm 的小孔，便于钩起

续表

序号	名称	图形示例	设置范围和地点
7	杆塔拉线、接地引下线、电缆防护套管及警示标识		（1）在线路杆塔拉线、接地引下线、电缆的下部，应装设防护套管，也可采用反光材料制作的防撞警示标识。 （2）防护套管及警示标识的长度不小于1.8m，黄黑相间，间距宜为200mm
8	杆塔防撞警示线		（1）在道路中央和马路沿外1m内的杆塔下部，应涂刷防撞警示线。 （2）防撞警示线应采用道路标线涂料涂刷，带荧光，其高度不小于1200mm，黄黑相间，间距为200mm
9	防毒面具和正压式消防空气呼吸器	 过滤式防毒面具 正压式消防空气呼吸器	（1）电缆隧道应按规定配备防毒面具和正压式消防空气呼吸器。 （2）过滤式防毒面具是在有氧环境中使用的呼吸器。 （3）过滤式防毒面具应符合相关的规定。使用时，空气中氧气浓度不低于18%，温度为$-30\sim+45℃$，且不能用于槽、罐等密闭容器环境。 （4）过滤式防毒面具的过滤剂有一定的使用时间，一般为30～100min。过滤剂失去过滤作用（面具内有特殊气味）时，应及时更换。 （5）过滤式防毒面具应存放在干燥、通风，无酸、碱、溶剂等物质的库房内，严禁重压。防毒面具的滤毒罐（盒）的储存期为5年（3年），过期产品应经检验确认合格后方可使用。 （6）正压式消防空气呼吸器是用于无氧环境中的呼吸器。 （7）正压式消防空气呼吸器应符合相关的规定。 （8）正压式消防空气呼吸器在储存时应装入包装箱内，避免长时间曝晒，不能与油、酸、碱或其他有害物质共同贮存，严禁重压

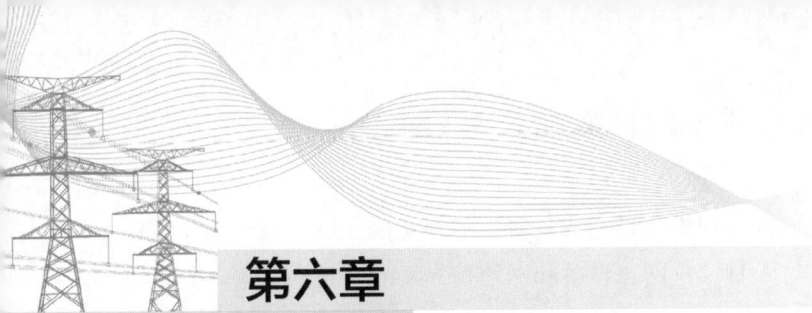

第六章

典型违章举例与事故案例分析

第一节 典型违章举例

一、违章的定义、性质及分类

1. 违章的定义

违章是指在电力生产活动过程中，违反国家安全生产法律法规和电力行业规程规定，违反单位和上级安全生产规章制度、反事故措施和安全管理要求等，可能对人身、电网和设备构成危害并容易诱发事故的管理的不安全作为、人的不安全行为、物的不安全状态和环境的不安全因素。

2. 违章的性质

违章按照性质分为管理违章、行为违章和装置违章三类。

管理违章是指各级领导、管理人员不履行岗位安全职责，不落实安全管理要求，制定的规程、制度和措施不完善，不健全安全规章制度，不执行安全规章制度或在生产作业过程中违章指挥等的各种不安全行为。

行为违章是指现场作业人员在电力建设、运行、检修等生产活动过程中，违反保证安全的规程、规定、制度、反事故措施等的不安全行为。

装置违章是指生产设备、设施、环境和作业使用的工器具及安全防护用品不满足规程、规定、标准、反事故措施等的要求，不能可靠保证人身、电网和设备安全的不安全状态和环境的不安全因素。

3. 违章的分类

按照违章性质、情节及可能造成的后果，可分为严重违章和一般违章两级进行管控。

严重违章是指可能直接造成人身、电网、设备和网络信息事故，或虽不直接对人身、电网、设备和网络信息造成危害，但性质恶劣的违章现象。

一般违章是指对人身、电网、设备和网络信息不直接造成危害，且达不到严重违章标准的违章现象。

二、典型违章举例

1. 按照严重程度分类

（1）Ⅰ类严重违章，主要包括违反"十不干"要求的违章。

1）无日计划作业，或实际作业内容与日计划不符。

2）无票（包括作业票、工作票及分票、操作票、动火票等）工作、无令操作。

3）作业人员不清楚工作任务、危险点。

4）危险点控制措施未落实。

5）超出作业范围未经审批。

6）作业点未在接地保护范围。

7）现场安全措施布置不到位、安全工器具不合格。

8）杆塔根部、基础和拉线不牢固；组立杆塔、撤杆、撤线或紧线前未按规定采取防倒杆塔措施；架线施工前未检查、紧固地脚螺栓。

9）高处作业、攀登或转移作业位置时的防坠落措施不完善。

10）有限空间作业未有效开展培训，未制定有效的应急预案，未正确设置监护人，未配置或不正确使用安全防护装备、应急救援装备，未执行"先通风、再检测、后作业"要求。

11）工作负责人（作业负责人、专责监护人）不在现场，或劳务分包人员担任工作负责人（作业负责人）。

（2）Ⅱ类严重违章，主要包括公司系统近年造成了安全事故（事件）的违章。

1）货运索道载人。

2）超允许起重量起吊。

3）采用正装法组立超过30m的悬浮抱杆。

4）紧断线平移导线挂线作业未采取交替平移子导线的方式。

5）拉线、地锚、索道投入使用前未计算校核受力情况。

6）拉线、地锚、索道投入使用前未开展验收；组塔架线前未对地脚螺栓开展验收；验收不合格，未整改并重新验收合格即投入使用。

7）乘坐船舶或水上作业超载，或不使用救生装备。

8）漏挂接地线或漏合接地刀闸。

9）在电容性设备检修前未放电并接地，或结束后未充分放电；高压试验变更接线或试验结束时未将升压设备的高压部分放电、短路接地。

10）擅自开启高压开关柜门、检修小窗，擅自移动绝缘挡板。

11）在带电区域使用钢卷尺、金属梯等《安全工作规程》禁止使用的工器具。

12）约时停、送电；带电作业约时停用或恢复重合闸。

13）随意解除闭锁装置，或擅自使用解锁工具（钥匙）。

14）倒闸操作前不核对设备名称、编号、位置，不执行监护复诵制度或操作时漏项、跳项。

15）倒闸操作中不按规定检查设备实际位置，不确认设备操作到位情况。

16）在继保屏上作业时，运行设备与检修设备无明显标志隔开，或在保护盘上或附近进行振动较大的工作时，未采取防掉闸的安全措施。

17）在带电设备附近作业前未计算校核安全距离；作业安全距离不够且未采取有效措施。

18）电力监控系统中横、纵向网络边界防护设备缺失。

（3）Ⅲ类严重违章，主要包括安全风险高，易造成安全事故（事件）的违章。

1）票面（包括作业票、工作票及分票、操作票、动火票等）缺少工作负责人等关键内容，风险识别不准确，关键措施不完善。

2）不按施工方案或规定程序开展作业，作业人员擅自改变已设置的安全措施。

3）货运索道超载使用。

4）作业人员擅自穿、跨越安全围栏、安全警戒线。

5）起吊或牵引过程中，受力钢丝绳周围、上下方、内角侧和起吊物下面有人逗留和通过。

6）高边坡施工未按要求设置安全防护设施；对不良地质构造的高边坡，未按设计要求采取锚喷或加固等支护措施。

7）平衡挂线时，在同一相邻耐张段的同相导线上进行其他作业。

8）跨越带电线路展放导（地）线作业时，未采取跨越架、封网等安全措施。

9）放线区段有跨越、平行输电线路时，导（地）线或牵引绳未采取接地措施；紧线、开断前绝缘子串未采取短接措施。

10）在易燃易爆或禁火区域携带火种、使用明火、吸烟；未采取防火等安全措施即在易燃物品及重要设备上方进行焊接，下方无监护人。

11）动火作业前，未将盛有或盛过易燃易爆等化学危险物品的容器、设备、管道等生产、储存装置与生产系统隔离，未清洗置换，未检测可燃气体（蒸气）含量，或可燃气体（蒸气）含量不合格即动火作业。

12）动火作业前，未清除动火现场及周围的易燃物品，或未采取其他有效的安全防火措施，未配备足够适用的消防器材。

13）带负荷断、接引线。

14）电力线路设备拆除后，带电部分未处理。

15）在互感器二次回路上工作，未采取防止电流互感器二次回路开路、电压互感器二次回路短路的措施。

16）擅自倾倒、堆放、丢弃或遗撒危险化学品。

17）现场作业人员未经安全准入考试并合格；新进、转岗和离岗 3 个月以上电气作业人员未经专门安全教育培训，并经考试合格上岗。

18）不具备"三种人"资格的人员担任工作票签发人、工作负责人或许可人。

19）特种设备作业人员、特种作业人员、危险化学品从业人员未依法取得资格证书。

20）对承包方违规进行工程发包。

21）向个人租赁起重机械。

22）特种设备未依法取得使用登记证书、未经定期检验或检验不合格。

23）工作负责人、工作许可人不按规定办理工作许可和终结手续。

24）业扩报装业务中，擅自操作客户设备；高压业扩现场勘察未进行客户双签发；业扩报装设备未经验收，擅自接火送电。

25）生产和施工场所消防器材的配备、使用、维护及消防通道的配置等不符合规定。

26）违规使用没有"一书一签"（化学品安全技术说明书、化学品安全标签）的危险化学品。

27）作业现场违规存放民用爆炸物品。

28）有必要现场勘察的未开展现场勘察，或勘察不认真、无勘察记录；工作票（作业票）签发人和工作负责人均未参加现场勘察。

29）脚手架、跨越架未经验收合格即投入使用。

30）对"超过一定规模的危险性较大的分部分项工程"（含大修、技改等项目），未组织编制专项施工方案（含安全技术措施），未按规定论证、审核、审批、交底及现场监督实施。

31）三级及以上风险作业管理人员（含监理人员）未到岗到位进行管控。

32）施工机械设备转动部分无防护罩或牢固的遮栏。

33）自制施工工器具未经检测试验合格。

34）金属封闭式开关设备未按照国家、行业标准设计制造压力释放通道。

35）设备无双重名称，或名称及编号不唯一、不正确、不清晰。

36）防误闭锁装置不全或"五防"功能不完善，且未采取临时控制措施。

37）高压配电装置带电部分对地距离不满足且未采取措施。

38）电化学储能电站电池管理系统、消防灭火系统、可燃气体报警装置、通风装置未达到设计要求或故障失效。

39）未经批准，擅自将自动灭火装置、火灾自动报警装置退出运行。

40）电力监控系统作业过程中，未经授权接入非专用调试设备，或调试计算机接入外网。

2. 按违章性质分类

（1）管理性违章。

1）安全第一责任人不按规定主管安全监督机构。

2）安全第一责任人不按规定主持召开安全分析会。

3）未明确和落实各级人员安全生产岗位职责。

4）未按规定设置安全监督机构和配置安全员。

5）未按规定落实安全生产措施、计划、资金。

6）对违章不制止、不考核。

7）违章指挥或干预值班调度、运行人员操作。

8）对事故未按照"四不放过"原则进行调查处理。

9）承发包工程未依法签订合同及安全协议，未明确双方应承担的安全责任。

10）无人值守变电站未安装火灾自动报警或自动灭火设施，火灾报警信号未接入有人监视遥测系统。

11）管理人员对仓库易燃、易爆物品等危险品放置规定不清楚。

12）设备应检修而未按期检修、缺陷消除超过规定时限、设备缺陷管理流程未闭环。

13）未按规定配置现场安全防护装置、安全工器具和个人防护用品。

14）设备变更后相应的规程、制度、资料未及时更新。

15）现场规程没有每年进行一次复查、修订，并书面通知有关人员。

16）未组织新入厂生产人员三级安全教育，或员工未按规定组织安规考试。

17）没有每年公布工作票签发人、工作负责人、工作许可人、有权单独巡视高压设备人员名单。

18）对排查出的事故隐患未制定整改计划或未落实整改治理措施。

19）设计、采购、施工、验收未执行有关规定，造成设备装置性缺陷。

20）不落实电网运行方式安排和调度计划。

21）客户受电工程接电条件审核完成前即安排接电。

22）大型施工或危险性较大作业期间管理人员未到岗到位。

23）现场无运行规程、典型操作票。

24）未按规定落实对违章人员的处罚。

25）未按规定建立月、周、日安全生产例会制度，未及时召开月、周、日安全生产会。

26）"两措"计划未按要求及时完成。

27）"两票"审核、评价、考核不严。

28）业主、施工、监理三个项目部管理人员履职尽责不到位。

29）未按规定严格审核现场运行主接线图，不与现场设备一次接线认真核实。

（2）行为性违章。

1）酒后开车、酒后从事电气检修施工作业或其他特种作业。

2）巡视或检修作业时，工作人员或机具与带电体不能保持规定的安全距离。

3）在带电设备附近使用金属梯子进行作业；在户外变电站和高压室内不按规定使用和搬运梯子、管子等长物。

4）未将验电器的伸缩式绝缘棒长度拉足或验电时未逐相进行。

5）高处作业人员随手上下抛掷器具、材料。

6）工具或材料浮搁在高处。

7）地线及零线保护采用缠绕或钩挂方式。

8）不按规定使用电动工具及施工机具。

9）漏挂（拆）、错挂（拆）警告标示牌。

10）作业结束未做到工完料尽场地清，作业结束未及时封堵孔洞、盖好沟道盖板。

11）装设（拆除）接地线不规范的：

a. 装设接地线的导电部分或接地部分未清除油漆；

b. 用缠绕的方法装设接地线或用不合规定的导线进行接地短路；

c. 接地线的接地棒插入地下深度不满足安规要求；

d. 装、拆接地线时没有监护人（经批准可以单人装设接地线的项目除外）；

e. 接地线装设不牢靠；

f. 使用的接地线型号不符合要求。

12）装（拆）接地线时，人体碰触接地线或未接地的导线。

13）接地线与检修部分之间连有熔断器或未做好防止分闸安全措施的断路器。

14）工作负责人未对进入现场的厂家人员或外来人员进行安全教育。

15）工作负责人变动未履行变更手续，未告知全体工作班成员及工作许可人。

16）工作终结后，作业人员又进入该施工（检修）区域作业。

17）工作前未进行"三交三查"。

18）应现场许可（终结）的工作，工作许可人未到现场许可（终结）。

19）工作票填写不规范，出现以下情况：

a. 计划工作时间与所批准的停役时间不符；

b. 工作票所填安全措施不全、不准确，与现场实际不符，或与现场踏勘记录不符；

c. 工作票上工作班成员或人数与实际不符；

d. 工作票上的工作任务不清或与实际工作不一致，票面涂改严重，漏填或错填内容；

e. 工作票、操作票、作业卡不按规定签名；

f. 工作负责人对临时加入的工作人员未交待安全注意事项和安全措施及工作任务，且未做好有关记录。

20）专责监护人不认真履行监护职责，从事与监护无关的工作。

21）每日收工和次日开工前，未履行工作间断手续。

22）接发令工作、倒闸操作中未进行复诵。

23）按规定需监护操作的失去监护进行倒闸操作。

24）非运维人员擅自操作运行设备（规定允许的除外）。

25）调度命令拖延执行或执行不力。

26）操作票票面涂改严重，编号不连续。

27）在接受调度员发布操作命令时，未做好电话录音和记录。

28）倒闸操作未按规定戴绝缘手套、穿绝缘靴。

29）二次回路上作业不带图纸。

30）单人留在高压室或室外高压设备区作业。

31）未断开试验电源的情况下盲目变更或拆除高压试验接线。

32）在开关机构上进行检修、解体等工作，未拉开相关动力电源。

33）继电保护进行开关传动试验未通知运维人员和现场检修人员。

34）电容器检修前未将电容器放电并接地，或电缆试验结束后未对被试电缆进行充分放电。

35）在同一电气连接部分，高压试验的工作票发出后，再发出或未收回已许可的有关该系统的所有工作票。

36）在带电的电压互感器二次回路上工作时，将二次回路短路或接地。

37）在带电的电流互感器二次回路上工作时，发生下列违章现象：

a. 二次回路开路；

b. 采用导线缠绕的方法短路二次绕组；

c. 在电流互感器与短路端子之间的回路和导线上进行工作。

38）进出高压配电室未随手关门。

39）不按规定保管和使用高压室的钥匙。

40）不按规定执行交接班制度、设备巡回检查制度、设备定期切换制度。

41）无资质人员单独巡视高压设备，或单独在高压设备区逗留。

42）用手直接去取倒在高压带电导线上的树枝。

43）杆塔上有人时，调整拆换受力拉线或临时拉线。

44）调换临时拉线采用安装一根永久拉线拆除一根临时拉线的作业法。

45）10kV 线埋式或重力式电杆，在未打好临时拉线时即擅自上杆工作；无拉线的电杆，未检查杆根及 3m 划线即上杆工作。

46）配电变压器在停电做试验工作时，台架上有人。

47）将运行中转动设备的防护罩打开，将手伸入运行中转动设备的遮栏内，戴手套或用抹布对转动部分进行清扫或进行其他工作。

48）事先未检查拉线、拉锚桩，未加设或加固临时拉线即盲目放线和撤线。

49）在不停电的跨越架内侧攀登或从不停电的封顶架上通过。

50）人员进入带电侧架构或横担。

51）在架构上卷绕绑线或放开绑线。

52）上下传递使用带金属丝的绳索。

53）擅自移开、越过设备遮栏或攀登线路杆塔。

54）起立电杆时，杆坑内有人。

55）组立铁塔时，用手指伸入螺孔找正。

56）在无通信联络、未统一旗语信号的情况下进行放线、撤线。

57）雷雨天气，在室外线路设备上和室内的架空引入线上进行检修和试验或进行线路绝缘的测量工作。

58）对可能接近邻近带电线路设备至危险距离的工作，未对工作的导地线、绞车等牵引工具接地或接地电阻不合格。

59）不按规定要求开展线路巡视工作。

60）登杆前不核对线路名称、杆号、色标。

61）登杆前不检查基础、杆根、爬梯和拉线是否正常。

62）在高处平台、孔洞边缘倚坐或跨越栏杆。

63）高处作业不按规定搭设或使用脚手架。

64）擅自拆除孔洞盖板、栏杆、隔离层或因工作需要拆除附属设施时不设明显标志并及时恢复。

65）脚手架、跨越架未挂设验收合格牌或未验收合格投入使用。

66）电线直接钩挂在闸刀或直接插入插座内使用。

67）开关箱负荷侧的首端未安装漏电保护装置或未按规定定期检查试验。

68）在脚手架上使用临时物体（如箱子、桶、板等）作为补充台架。

69）乱拉乱接低压作业电源。

70）吊车起吊前未鸣笛示警或起重工作无专人指挥。

71）起重机械拆装无专项安全施工方案，特殊环境、特殊吊件等施工无专项安全施工方案或专项安全技术措施。

72）起重前未进行安全技术交底，相关人员不熟悉起重搬运方案和安全措施。

73）移动式起重设备未安置平稳牢固。

74）采用起重臂顶撞或起重臂旋转的方法校正设备。

75）人力绞磨、机动绞磨的卷筒与牵引绳斜偏，人力绞磨架上固定磨轴的活动挡板装在受力一侧，磨筒上的钢丝绳缠绕不足 5 圈。

76）凭借栏杆、脚手架、瓷件等起吊物件。

77）动火作业现场未配备足够适用的消防器材。

78）未履行有关手续即对有压力、带电、充油的容器及管道施焊。

79）在易燃物品及重要设备上方进行焊接，下方无监护人，未采取防火等安全措施。

80）未定期对消防器材进行检查、维护。

81）雷雨天气巡视或操作室外高压设备不穿绝缘靴。

82）使用砂轮、车床不戴护目眼镜，使用钻床等旋转机具时戴手套等。

83）进行焊接或切割作业，操作人员未穿戴专用工作服、绝缘鞋、防护手套等劳动防护用品，或衣着敞领卷袖。

84）进入作业现场，未按规定正确着装。

（3）装置性违章。

1）使用的安全防护用品、用具无生产厂家、许可证编号、生产日期及国家鉴定合格证书。

2）高低压线路（设备）对地、对建筑物等安全距离不足。

3）待用间隔未纳入调度管辖范围。

4）易燃易爆区、重点防火区的防火设施不全或不符合规定要求，无警示标志。

5）起重机械，如绞磨、汽车吊、卷扬机等无制动和逆止装置，或制动装置失灵、不灵敏。

6）设备一次安装接线与技术协议和设计图纸不一致。

7）能产生有毒有害气体（含六氟化硫等）的配电装置室、开关室等户内场所无通风装置或检漏装置。

8）运行站（所）的消防水池污水井、事故油池、电缆沟等无盖板且无安全防护措施。

9）现场使用的各种与人体直接接触的低压电器无漏电保安器或保安器失效。

10）隧道及竖井中的电缆未采取防火隔离、分段阻燃措施。

11）电力设备拆除后，仍留有带电部分未处理。

12）链条葫芦的吊钩、链轮或倒卡变形，以及链条磨损；刹车片沾染油脂。

13）液压千斤顶的安全栓损坏、螺旋千斤顶的螺纹或齿条磨损。

14）起重设备无荷载标志。

15）圆木抱杆木质腐朽、损伤严重或弯曲过大；金属抱杆整体弯曲或局部弯曲严重、碰瘪变形、表面严重腐蚀、裂纹或脱焊；抱杆脱帽环表面有裂纹或螺纹变形。

16）安全帽帽壳破损，缺少帽衬（帽箍、顶衬、后箍）、下颌带等。

17）脚扣表面有裂纹、防滑衬层破裂，脚套带不完整或有伤痕等。

18）电缆孔、洞、电缆入口处未用防火堵料封堵。

19）在绝缘配电线路上未按规定设置验电接地环。

20）电气设备外壳、避雷器无接地或接地不规范。

21）安全带（绳）断股、霉变、损伤或铁环有裂纹、挂钩变形、缝线脱开等。

22）卡线器有裂纹、弯曲或钳口斜纹磨平或使用的卡线器的规格与线材不匹配。

23）临时电源、电源线盘无漏电保护装置。

24）高处走道、楼梯无栏杆。

25）安全工器具储存场所不满足要求。

26）生产、办公场所无疏散路径图、指示标志。

27）防小动物措施不满足规定要求。

28）脚手架未按规定搭设，如：脚手板未满铺，脚手架未按要求与结构设置拉结等。

29）施工机具和安全工器具未进行定期检测。

30）梯子没有加装防滑装置，人字梯无限制开度装置。

31）起重机吊钩、手扳葫芦吊钩、滑车防止意外脱钩的保险装置失灵。

32）施工现场使用不合格工器具，手扳葫芦、汽车吊吊钩等保险扣脱落。

33）生产、办公区域未配备或未按要求配齐消防设施。

34）变压器、门型架、屋顶等爬梯未封门加锁，未悬挂"禁止攀登"或"禁止攀登，高压危险！"标识牌。

35）配电设备开关室内的分、合闸按钮未设置防误碰措施。

36）在放线过程中放线盘直接放置在车斗内或无固定措施。

37）电气设备无安全警示标志或未根据有关规程设置固定遮（围）栏。

38）安全防护设施维护保养不到位，长期带病运行。

39）两相三孔插座代替三相插座。

三、配网工程安全管理"十八项条禁令"及释义

1. 配网工程安全管理"十八项禁令"

（1）严禁转包和违规分包。

（2）严禁施工人员无证作业。

（3）严禁未经安全培训进场作业。

（4）严禁劳务分包人员担任工作负责人。

（5）严禁无票、无施工方案作业。

（6）严禁不交底开展施工。

（7）严禁约时停、送电。

（8）严禁施工人员操作运行设备。

（9）严禁工作负责人（监护人）擅自离岗。

（10）严禁擅自扩大工作范围。

（11）严禁擅自变更现场安全措施。

（12）严禁使用未经检验或不合格的安全工器具。

（13）严禁不验电、不挂接地线施工。

（14）严禁不打拉线放、紧线。

（15）严禁杆基不牢登杆作业。

（16）严禁登高不系安全带。

（17）严禁抛掷施工材料及工器具。

（18）严禁有限空间未通风、未检测进行作业。

2. 配网工程安全管理"十八项禁令"释义

（1）严禁转包和违规分包。

释义：工程承包单位是分包管理的责任主体，禁止以任何形式转包工程；禁止以劳务分包之名行转包之实，不得以包代管；禁止将工程分包给不具备相应资质的施工企业和个人；禁止分包单位借用他人资质承揽分包工程；禁止分包单位对工作任务进行再次分包；分包合同应报业主项目部备案。

（2）严禁施工人员无证作业。

释义：所有施工人员进场施工前，应取得建设单位进场许可证。禁止无进场许可证人员进入施工现场，禁止无高空作业证人员登高作业，禁止无不停电作业证人员带电作业，禁止无特种作业证人员操作相关机具。业主、监理项目部应全面核查施工人员持证情况并常态化开展现场监督检查。

（3）严禁未经安全培训进场作业。

释义：参建人员应经相应的安全培训并考试合格，掌握本岗位所需安全生产知识、安全作业技能和紧急救护法。建设单位应定期对业主、监理项目部全体人员和施工项目部项目经理、工作负责人、安全员等关键人员进行安全培训。施工单位应对施工项目部全体作业人员（含专业分包、劳务分包人员）进行安全培训，并报建设单位备案。因故间断工作连续三个月及以上的参建人员，应重新进行安全培训，考试合格后方可恢复工作。

（4）严禁劳务分包人员担任工作负责人。

释义：工作负责人应由有专业工作经验、熟悉现场作业环境和流程、工作范围的施工单位自有人员担任。工作负责人名单应经施工单位考核、批准、公布，并报建设单位备案。

（5）严禁无票、无施工方案作业。

释义：施工单位应在作业前完成现场勘察，根据不同工作内容填写对应的工作票（作业票），并严格履行签发、许可手续。施工方案由施工项目部编制，经监理项目部审查后，报业主项目部审批。

（6）严禁不交底开展施工。

释义：项目开工前，建设单位应组织运行、设计、监理、施工等单位进行设计及施工交底，交待设计意图、安全技术要求及相关注意事项；施工单位技术负责人向施工人员进行安全技术交底，交待安全质量要求和施工方法措施。现场作业前，工作负责人应对全体作业人员进行安全交底及危险点告知，交待安全措施并确认签字。

（7）严禁约时停、送电。

释义：停电、送电作业应严格执行工作许可制度，禁止采用约时停电、送电。停电工作前，工作许可人应与工作负责人核对线路名称、设备双重名称，检查核对现场安全措施，指明保留带电部位。恢复送电时，工作许可人应向工作负责人确认所有工作已完毕，所有工作人员已撤离，所有接地线已拆除，与记录簿核对无误并做好记录后，方可下令拆除各侧安全措施，合闸送电。

（8）严禁施工人员操作运行设备。

释义：为避免误操作造成电网、人身安全事故，配电运行设备须由设备运维管理单位作业人员进行操作，禁止施工人员操作。

（9）严禁工作负责人（监护人）擅自离岗。

释义：工作负责人（监护人）在作业过程中应始终在工作现场认真监护，及时纠正不安全行为。工作期间，工作负责人若需暂时离开工作现场，应指定能胜任的人员临时代替，并告知全体工作班成员；若需长时间离开工作现场时，应变更工作负责人并告知全体工作班成员及工作许可人。专责监护人临时离开时，应通知作业人员停止作业或离开作业现场；若必须长时间离开作业现场时，应变更专责监护人，并告知全体被监护人员。

（10）严禁擅自扩大工作范围。

释义：扩大工作范围应履行相关手续。增加工作任务时，如涉及变更或增设安全措施，应重新办理工作票（作业票），履行签发、许可手续；如不涉及停电范围及安全措施变化，经工作票（作业票）签发人和工作许可人同意后，在原工作票（作业票）上注明增加的工作项目，并告知作业人员。

（11）严禁擅自变更现场安全措施。

释义：现场安全措施是降低作业风险的有效措施，任何单位或个人不得擅自变更。工作中若有特殊情况需要变更时，工作负责人、工作许可人应先取得对方同意，并及时恢复，变更情况应及时记录在工作票（作业票）上。

（12）严禁使用未经检验或不合格的安全工器具。

释义：合格的安全工器具能有效防止设备和人身事故，保障作业人员人身安全。施工单位应设专人管理安全工器具，收发应严格落实验收手续，定期开展维护和检验，建立台账。施工人员使用前应进行安全工器具可靠性检查，确认无缺陷、试验合格后方可使用

（13）严禁不验电、不挂接地线施工。

释义： 接地前应使用相应电压等级经检验合格的验电器进行验电，当验明确已无电压后，立即可靠接地。禁止作业人员擅自变更工作票中指定的接地线位置、数量，若变更应由工作负责人征得工作票签发人或工作许可人同意，并在工作票上注明变更情况。

（14）严禁不打拉线放、紧线。

释义： 放、紧线作业前应在耐张杆塔导线的反向延长线上装设临时拉线。临时拉线一般使用钢丝绳或钢绞线，对地夹角宜小于 45°，一个锚桩上的临时拉线不得超过两根，临时拉线固定应牢固可靠。作业过程中应实时检查临时拉线受力情况。

（15）严禁杆基不牢登杆作业。

释义： 作业人员在攀登杆塔前，应检查杆根、杆身、基础和拉线是否牢固，电杆埋深是否合格，铁塔塔材是否缺少，螺栓是否齐全、匹配和紧固。遇有冲刷、起土、上拔或导地线、拉线松动的杆塔，应先培土加固、打好临时拉线或支好架杆。禁止攀登杆基未完全牢固或未做好临时拉线的新立杆塔。

（16）严禁登高不系安全带。

释义： 高处作业人员应正确使用安全带，宜使用有后备保护绳或速差自锁器的双控背带式安全带。安全带和保护绳应分挂在杆塔不同部位的牢固构件上。安全带及后备防护设施应高挂低用，高处作业过程中，应随时检查安全带牢靠情况，转移位置时不得失去安全带保护。

（17）严禁抛掷施工材料及工器具。

释义： 高处作业所用的工具和材料应放在工具袋内或用绳索拴在牢固的构件上，较大的工具应系保险绳，施工用料应随用随吊。向坑槽内运送材料时，坑上坑下应统一指挥，使用槽或绳索向下放料，不得抛掷。任何人员不得在吊物下方接料或停留。

（18）严禁有限空间未通风、未检测进行作业。

释义： 进入深基坑、电缆井、电缆隧道等有限空间作业，应坚持"先通风、再检测、后作业"的原则。作业前应进行风险辨识，分析有限空间气体种类并

进行评估监测，做好记录。检测人员进行检测时，应当采取防中毒窒息等安全防护措施。检测时间不宜早于作业开始前 30 分钟，作业中断超过 30 分钟，应重新通风、检测合格后方可进入。

四、配网工程防人身事故"三十条措施"

1. 防触电工作措施

（1）工作前必须开展现场勘察。现场勘察应明确施工作业停电范围、保留的带电部位、接地线装设位置、数量、编号以及邻近线路、交叉跨越、联络电源、分布式电源等危险点。

（2）严格执行停电、验电、挂接地线、悬挂标示牌和装设遮栏（围栏）等保证安全的技术措施。工作地段内有可能反送电的各分支线都应挂接地线。

（3）架空绝缘导线不得视为绝缘设备，作业人员不得直接接触或接近。禁止作业人员穿越未停电接地或未采取隔离措施的在运绝缘导线进行工作。

（4）登杆塔前，作业人员应核对线路的识别标记和线路名称杆号，无误后方可攀登。

（5）对邻近带电线路、设备导致施工线路或设备可能产生感应电压时，应加装接地线或使用个人保安线。在带电设备区域内使用起重设备时，应保证足够的安全距离，安装接地线并可靠接地。

（6）放线、撤线与紧线时，应控制导线摆（跳）动，保持与带电线路的安全距离；遇有 5 级及上大风时，应停止作业。

（7）施工电源应有漏电保护装置。电动工器具、机具金属外壳必须可靠接地，使用前检测漏电保护装置是否正确动作。

（8）作业时，严禁擅自变更工作范围或安全措施。办理工作终结手续前，应确认所有施工人员已撤离工作现场，所有安全措施已拆除。

（9）不停电作业应穿戴合格的绝缘防护用具。作业时应有人监护，监护人不得直接操作，监护范围不得超过一个作业点。复杂或高杆塔作业，必要时应增设专责监护人。

2. 防高坠工作措施

（1）5 级及以上的大风以及暴雨、雷电、冰覆、大雾、沙尘暴等恶劣天气下，应停止露天高处作业。

（2）登高前，应检查登高工具、设施是否完整牢靠。攀登有覆冰、积雪、积霜、雨水的杆塔时，应采取防滑措施。严禁借助绳索、拉线上下杆塔或顺杆下滑。

（3）在杆塔上作业时，宜使用有后备保护绳或速差自锁器的双控背带式安全带。安全带应高挂低用，并和后备保护绳分别挂在不同部位的牢固构件上。

（4）作业人员攀登杆塔、杆塔上移位及杆塔上作业时，应系好安全带，全程不得失去安全保护。应防止安全带从杆顶脱出或被锋利物件损坏。

（5）对于附着物较多的杆塔，高处作业时宜采用斗臂车方式进行作业。跨越障碍物时，必须经验电确认安全后方可跨越，跨越过程中不得失去安全保护。

（6）严禁携带器材登杆。杆上所用工具应装在工具袋内，高空作业传递工具、器材应使用绳索，不得抛扔。杆塔上下无法避免垂直交叉作业时，应做好防落物伤人的措施。

（7）杆塔上有人工作时，严禁调整或拆除拉线。不得随意拆除未采取补强措施的受力构件。杆塔上作业人员不得从事与工作无关的活动。

（8）使用梯子进行高处作业时，梯子应坚固完整，有防滑措施和限高标志，有专人扶梯。梯子严禁绑接使用。人字梯应有限制开度的措施。

（9）居民区及交通道路附近开挖的基坑，应安全遮蔽或可靠隔离，加挂警告标示牌，夜间挂红灯。基础浇筑与拆除模板时，作业人员应从扶梯上下。

3. 防倒杆工作措施

（1）水泥杆基础设计原则上加装底盘和卡盘，无需加装的应经充分论证。对于坡道、河边等易造成基础冲刷，或埋深无法满足要求的电杆，应采取加固措施。

（2）严格立杆前检查，施工、监理单位应提前对电杆逐基检查。重点检查电杆横向及纵向裂纹、3m 标记线、制造厂标识和载荷级别等。

（3）严格基础施工质量工艺，直线杆卡盘应顺线路方向左右侧交替埋设，承力杆卡盘埋设在承力侧。电杆、卡盘埋深应满足设计要求，电杆基坑回填时应分层夯实。

（4）严格执行立杆旁站监理。立杆过程监理人员应采取旁站方式，重点监督隐蔽工程质量和电杆埋深。

（5）立（撤）杆塔要由专人统一指挥，使用吊车立、撤杆塔钢丝绳套应挂在电杆的适当位置，以防止电杆突然倾倒。撤杆时，应先检查有无卡盘或障碍物并试拔。

（6）调整杆塔倾斜、弯曲、拉线受力不均时，应根据需要设置临时拉线及其调节范围，并应有专人统一指挥。

（7）登杆作业前，应检查杆根、拉线及基础是否牢固，攀登过程中应检查纵向、横向裂纹，检查法兰连接处和金具锈蚀情况。禁止攀登杆基未完全牢固或未做好临时拉线的新立杆塔。

（8）紧、撤线前，应检查拉线、桩基及杆塔，必要时，应加固桩锚或增设临时拉线。紧、撤线时应防止导线接头卡住。禁止采用突然剪断带张力导线的做法松线。

4. 防中毒窒息工作措施

（1）有限空间作业应坚持"先通风、再检测、后作业"的原则，作业前应进行风险辨识。出入口应保持畅通并设置明显的安全警示标志，夜间应设警示红灯。

（2）进入有限空间前，应先用通风设备排除浊气，再用气体检测仪检查有限空间内易燃易爆及有毒气体的含量是否超标，并做好记录。

（3）有限空间内作业，应在入口处设专责监护人，事先与作业人员规定明确的联络信号，并保持联系。工作时，通风设备应保持常开。作业前和离开时应准确清点人数。

（4）　有限空间作业场所应配备符合国家标准要求的安全作业设备、应急救援装备和个人防护用品。实施救援时，禁止盲目施救，救援人员应做好自身防护，佩戴必要的呼吸器具、救援器材。

第二节　事故案例分析

【案例一】××供电公司职工罗××，在送电操作过程中触电并从高处坠落，造成重伤事故

1. 事故经过

××供电公司实业总公司××公司进行 10kV 城三线剑南分线煤场支线的改造，该工程由××电力安装队承包（乙方），××供电公司实业总公司（甲方）是发包单位。罗××（伤者）是甲方派的施工工地代表，负责此项工程的对外协调和停送电联系等工作。6月27日，因剑南分线煤场支线旧杆上的导线需拆除，需要将10kV城三线剑南分线停电，7时20分，剑南分线停电，在施工队将煤场支线安全措施工作做好后，施工队的王×、高×和罗××三人一同去恢复剑南分线送电。大约8时20分到达现场，高×登杆用绝缘棒对剑南分线的隔离开关进行操作送电，由于A相隔离开关合不到位（A相隔离开关动触头偏移），合了两次均未合上，罗××便叫高×下来，自己登杆进行操作（未系安全带）。罗××登杆后用扳手敲A相隔离开关动触头时（想校正偏移），由于隔离开关的静触头带电，在敲打动触头过程中带电的静触头对罗××放电，罗××触电后从杆上（4m左右）摔下，造成重伤。

2. 原因分析

（1）高处作业未使用安全带。

（2）未与带电设备保持安全距离。

（3）无票作业，未经许可擅自作业。

（4）工作班成员未履行安全职责，没有互相关心施工安全。

3. 防范措施

（1）作业人员在作业过程中，应随时检查安全带是否拴牢。高处作业人员在转移作业位置时不得失去安全保护。

（2）与邻近带电高压线路或设备的距离：10kV应大于0.7m。

（3）配电工作，需要将高压线路、设备停电或做安全措施者，应填用第一种工作票。操作应使用操作票、应根据值班调控人员或运维人员的指令进行。

（4）工作班成员应服从工作负责人（监护人）、专责监护人的指挥，严格遵守《配电安规》和劳动纪律，在指定的作业范围内工作，对自己在工作中的行为负责，互相关心工作安全。

【案例二】××供电公司10kV××开闭所因误调度，造成带地线合隔离开关的恶性误操作事故

1. 事故经过

10kV××开闭所事故前运行方式为：10kV水毛601号运行（开闭所主供电源），10kV I 段母线运行，毛南611号、毛瑞614号运行，毛冠612号断路器停用；10kV毛冠线路侧挂地线1组，毛冠1号隔离开关在分位，110kV××变电站10kV钻桥线带毛冠线负荷。

3 月 21 日，××供电公司调控中心调度室值班员依据设备检修申请票（单），于 9 时 36 分下令在 10kV××开闭所 10kV 毛冠 612 号断路器出线电缆侧挂地线 1 组，许可毛冠 612 号开关柜自动化改造工作可以进行。中午当值副班在准备复役票时，由于对应恢复的方式不明确，打电话询问方式专责。方式专责明确答复了 10kV 毛冠线的恢复方式，同时又交待了当天需要进行方式倒换的其他 10kV 线路，导致当值副班的理解发生歧义，在填写倒换 10kV 线路典型运行方式的调度指令票时，错误地将尚处于检修状态的 10kV 毛冠线填写进操作任务，当值正班审核也未发现错误。15 时 20 分，调度下令配网操作队合上毛冠线 1 号杆隔离开关，造成带地线合隔离开关的恶性误操作事故，110kV ××变电站 10kV 钻桥 628 号断路器保护动作跳闸。15 时 54 分，调度下令拉开毛冠线 1 号杆隔离开关，10kV 钻桥 628 号断路器送电正常。

2. 原因分析

（1）当值调控人员严重违反《配电安规》和电网调度规程，未严格审查检修工作票应停电设备的内容。

（2）调控人员在发令操作时未核对、检查线路设备状态。

（3）调度体系管理混乱，方式专责对方式票批注不严谨。

（4）管理不到位，导致配网线路倒闸操作与具有变电性质的开闭所倒闸操作之间脱节，操作未统一协调、安排。

3. 防范措施

（1）调度值班员应严格审查设备检修申请票，及时发现申请票（单）存在的问题。

（2）操作中的检查项应填入操作票内，操作前后均应认真检查设备状态、位置。

（3）运行方式专责对调度指令票的批注应严谨。

（4）配网线路倒闸操作与具有变电性质的开闭所倒闸操作之间应统一协调、安排。

【案例三】××供电所起吊混凝土杆过程中，钢丝绳脱钩，作业人员被砸致死

1. 事故经过

5 月 31 日 9 时 46 分，××供电公司供电所配电班工作负责人伏××办理

了一张配电第一种工作票,工作任务是 10kV 124 线南川分支永定路提升公网配电变压器（200kVA）台架至安全高度；124 线南川分支立杆 6 基（道路拓宽改线立杆）。工作班成员共 16 人,分成两个工作班组,一个班 4 人完成升高台架任务,另一个班 12 人（技工 2 人、民工 10 人）由伏××（工龄 32 年,未参加过起重指挥培训）带领进行立杆工作,吊机为运输公司租赁,吊机操作人员有多年工作经验,但未经过考试。11 时 30 分,吊立第 4 基××县服装公司门口 15m 一水泥杆时,吊车将杆子吊起至基本垂直位置,就位转向过程中,杆根碰在马路道牙上,钢丝绳套产生瞬间松动,其中一端从吊钩中滑出（吊钩无闭锁）,杆子倒下,工作班成员高××（女）躲闪不及,被倒杆砸在头部,安全帽砸破,当即送往地区医院,经抢救无效于 12 时 15 分死亡。经法医鉴定,死者因头部受强大钝性外力作用,致颅脑严重受创而死亡。

2. 原因分析

（1）工作负责人未认真履行安全职责。

（2）立杆过程中无关人员未按要求撤离至安全区域。

（3）起重前未对吊机做全面检查或检查发现吊钩无闭锁仍继续使用。

（4）起重操作人员和指挥人员未经培训考试合格,取得特种作业证书。

3. 防范措施

（1）工作负责人应认真监督工作班成员遵守《配电安规》、正确使用劳动防护用品和安全工器具并执行现场安全措施。

（2）立、撤杆塔时,禁止基坑内有人。除指挥人及指定人员外,其他人员应在杆塔高度的 1.2 倍距离以外。

（3）机具的各种监测仪表以及制动器、限位器、安全阀、闭锁机构等安全装置应完好。对在用起重设备,每次使用前应进行一次常规性检查,并做好记录。

（4）起重设备的操作人员和指挥人员应经专业技术培训,并经实际操作及有关安全规程考试合格、取得合格证后方可独立上岗作业,其合格证种类应与所操作（指挥）的起重设备类型相符。起重设备作业人员在作业中应严格执行起重设备的操作规程和有关安全规章制度。

【案例四】××开发有限公司在放线施工中，发生一起倒杆人身死亡事故，造成1人死亡

1. 事故经过

×月底，××开发有限公司李××到××供电营业所申请办理××镇××村板栗冰库用电，××供电营业所受理申请后，由该所职工柳××（兼公司设计室成员）进行项目设计，柳××于次月6日完成了施工图的设计和预算，并且通知用户前来签订设计合同（合同尚未签订，设计资料也未交付）。次月11日，用户李××在供电营业所兰××带领下到××电力××分公司要求尽快进行工程建设，并交了2.5万元工程预付款给××分公司（未签订施工合同），××分公司同意先发部分施工材料。××供电营业所在既未拿到设计资料和××分公司的委托施工协议、施工联系单，也未编制施工方案和进行安全技术交底的情况下组织进行了工程施工。

次月21日开始，由××供电营业所电管员兰××（工作负责人）、黄××、谢××、高××、专职电工厉××、许××、刘××及民工李××、刘××、吴××组成的施工队伍对该工程进行施工，次月23日在6号杆洞开挖深度严重不够（实际埋深65cm，要求埋深170cm）的情况下未向供电营业所汇报而擅自立杆（10m拔梢杆）。两个月后的9日上午完成8～10号（终端杆）耐张段放、紧线工作，下午14时10分开始进行5～8号耐张段放、紧线工作，具体分工是厉××（死者）负责6号杆、刘××负责7号杆的拉线定位绑扎工作，高××和3个民工负责放拉线，谢××负责5号杆耐张挂头工作，黄××负责8号杆紧线工作。当放完5～8号耐张段的第一根导线（截面35mm^2）尚未开始紧线时，15时左右，6号杆因埋深严重不足发生倒杆，正在杆上的厉××随杆向公路侧（面向大号侧右边）倒下，厉××扒在已倒的6号杆上。事故发生后，现场施工人员立即将厉××的主保险带与副保险带解下，并抬至公路旁，拦下过路车将伤者于15时35分送至××县人民医院，医院立即组织抢救。因伤者心血管破裂体内出血过多，虽经两个多小时全力抢救，仍于18时10分死亡。

2. 原因分析

（1）事故直接原因是6号杆埋深仅65cm，不符合配电设备装置标准。

（2）工作负责人兰××未履行工作负责人的安全职责，违章指挥作业。

（3）死者厉××在明知6号杆埋深严重不足的情况下，未提出异议，仍然继续登杆作业。

（4）工作班成员黄××、谢××、高××、专职电工厉××、许××、刘××未履行工作班成员的安全职责，对违章现象不指出、不制止。

（5）作业前未对施工现场进行勘查，违反《配电安规》3.2.1条的规定。

（6）作业现场未设置专职监护人。

3. 防范措施

（1）电杆埋深应符合配电设备装置标准的要求。

（2）配电检修（施工）作业，工作票签发人或工作负责人认为有必要进行现场勘察的，应根据工作任务组织现场勘察，并填写现场勘察记录。

（3）工作票签发人、工作负责人对有触电危险、检修（施工）复杂容易发生事故的工作，应增设专责监护人，并确定其监护的人员和工作范围。

（4）工作负责人应监督工作班成员遵守《配电安规》、正确使用劳动防护用品和安全工器具以及执行现场安全措施。

（5）登杆塔前应检查杆根、基础和拉线是否牢固，禁止攀登杆基未完全牢固或未做好临时拉线的新立杆塔。

（6）工作班成员应对自己在工作中的行为负责，互相关心工作安全。

【案例五】××市××供电局××电建公司"××"试验过程中电弧灼伤事故

1. 事故经过

××月××日下午，××区××城区遭遇雷暴雨天气。20时05分，××供电所经检查确认××宾馆分线（用户专线电缆）发生故障，22时15分该分线由运行改线路检修、隔离故障电缆。

××月××日上午，受用户委托，××电建公司于7时47分向××供电所提出故障修复申请，××供电所做好现场安全措施后，9时05分许可××电建公司进行用户电缆的修复工作。12时10分，电缆修复结束后，在对故障电缆进行耐压试验时，工作负责人周×（男，26岁，××电建公司自聘用工）却在离试验场地15m处背对着试验人员打手机，使试验现场失去监护；而严××（男，27岁，××电建公司劳务派遣用工）误将对电缆进行打耐压的试验接线错接为对开关柜（型号ABB-SAFE-Z）打耐压的试验接线方式，随后由胡××（男，29岁，××电建公司劳务派遣用工）对开关柜本体进行了加压，因电缆线路处于检修状态加压不成功。这时，严××擅自取下"禁止合闸、线路有人工作"的标示牌，将处于闭锁状态的线路接地刀闸解除闭锁后进行了分断操作，并依次合上了线路刀闸、负荷开关，实施了合闸操作，导致 10kV××开闭所××宾馆分线开关柜发生相间短路，造成严××、胡××电弧灼伤。

2. 原因分析

（1）严××身为试验人员，对工作界面不清楚、严重违章、擅自操作非检修设备。在加压试验不成时，擅自取下"禁止合闸、线路有人工作"标示牌，将处于闭锁状态的线路接地刀闸解除闭锁后进行分断操作，并依次合上了线路刀闸、负荷开关，实施了合闸操作，这是造成事故发生的主要原因。

（2）工作负责人周×工作严重失职，在严××、胡××做高压试验工作时，却长时间背对试验人员在远处打手机，未履行安全监护职责，使得高压试验工作失去监护，这是造成事故发生的重要原因。

（3）在严××违章操作时，胡××未及时制止严重违章行为，这是造成事故发生的另一重要原因。

（4）严××、胡××技能水平低下导致试验接线错误，安全意识和互保意识不强，这是造成事故发生的又一重要原因。

（5）××电建公司未认真开展班组安全生产承载力分析，现场作业人员配置不合理，仅指派两个参加高压试验工作不久的人员（参加高压试验工作时间分别仅为 10 个月和 4 个月）参加现场电缆高压试验，并且未按照高压试验作业指导书要求落实现场安全风险管控措施、实施标准化作业流程，这是造成事故发生的又一重要原因。

3. 防范措施

（1）加大反违章力度，强化现场持卡检查、日常稽查和飞行检查制度，严格实施违章处罚闭环管理机制，严肃查处各类违章行为。

（2）强化作业现场安全风险管控措施，认真实行工作票制度、操作票制度和站班会制度，每个作业人员必须切实做到"作业任务清楚、危险点清楚、作业程序清楚、安全措施清楚"，强化安全意识，提高执行安全生产规章制度的自觉性。

（3）工作负责人必须严格履行岗位职责，认真组织现场踏勘、安全风险分析、现场站班会、安全交底、作业全过程风险管控和安全监护工作。

（4）严格区分检修人员与运行人员之间的工作界面，严禁检修人员违章操作非检修设备。

（5）认真开展班组安全生产承载力分析，充分考虑现场作业的人员、时间、技术力量、工作任务的科学合理配置，严禁发生班组安全生产承载力与现场作业要求不匹配的情况。

（6）现场作业应严格按照作业指导书要求，落实各项安全措施、严格、规范执行标准化作业流程。

（7）各级领导和管理人员应严格遵守领导干部和管理人员到岗到位管理规定，尤其在抢修作业现场，各级领导和管理人员应按照规定深入现场，认真检查现场各项安全措施落实情况，协调解决存在的安全问题，切实把好现场作业安全关。

（8）加强人员技能培训，要结合生产实际有效开展人员技能培训，使人员技能水平与所从事的具体工作相符合。

（9）加强安全教育，提高员工的自保和互保意识，切实做到作业过程"四不伤害"。

【案例六】××供电公司分公司操作工丁×在处理路灯线断线故障隔离过程中意外触电死亡事故

1. 事故经过

××月××日某供电公司分公司在进行抢险救灾施工时发生一起意外人身死亡事故。

当日20时30分，分公司蔡××操作小班接班。当时接到××地区龙卷风和雷暴雨袭击引起的抢修任务，随即先驱车到虹梅南路、东川路处理事故，结束后返回途中又接到调度指令（调度接110报剑川路137号门前电线杆遭雷击倒下）赶赴现场处理事故。22时10分左右到达现场（剑川路137号门前）发现灯#1450-01/12（东）至灯#1450-01/13（西）这一档的一根路灯裸导线断线悬在半空中，蔡××派丁×上杆工作，黄×地面配合，丁×戴好绝缘手套先登上01/12杆将路灯线剪断，后登上01/13杆将另一段路灯线剪断，此时蔡××已将剪下的01/12路灯线收起，而01/13杆剪下的路灯线缠挂在树枝上，丁×下杆后戴着绝缘手套去拉此断线（后经勘察发现该段导线带电），拉了几下无法扯下，就对蔡××讲拉不下，于是蔡××到抢修车上取来绝缘棒准备将挂在树枝上的断线挑落，此时（大约22时15分～22时20分）丁×突然倒地（已自行脱离断线），挣扎着想支起身体，但又倒地。蔡××、黄×司机将丁×搬到人行道上不停地进行人工呼吸抢救，并立即打 120 电话和请居民帮忙联系医院，22 时 36 分医院（距出事地点 300m 左右）派出 3 名救护人员用担架抬至医院进行抢救，23 时 30 分左右医生宣布死亡。

2. 原因分析

（1）经事故现场勘察发现，施工人员丁×拖拉的该段导线除因大风缠挂在树枝中外，还缠绕在一根未断的路灯线上（对地测量该段导线带电，交流电压为 230V）；而当时突降大雨，现场照明条件不好，又有大树，使得施工人员难以发现上述情况，当施工人员丁×戴绝缘手套扯拉导线时，不慎触及潮湿外衣导致身体意外触电。因此气象条件恶劣和现场环境复杂，以及丁×在危险环境中仍按常规进行突发的抢险作业是引起事故的主要原因。

（2）该抢险小班负责人和小班成员在恶劣气象条件和复杂环境中实施高风险的抢险处理时，对存在的特殊危险性经验不足，是引起事故的次要原因。

（3）该供电分公司对于施工人员在恶劣气象条件和复杂环境中进行突发的抢险处理工作，针对性安全教育还不够到位，具体工作指导还不够，是事故发生的间接原因。

3. 防范措施

（1）落实供电分公司关于灾害性气候条件下抢险工作中进一步加强劳动保护工作等要求。

（2）针对灾害性气候条件下进行夜间故障抢修时，进一步增加照明装置、相关特种设备等的配备。

（3）进一步加强安全教育，提高职工在灾害性天气下进行抢修工作时的自我保护意识和对复杂施工环境下可能存在的危险因素互相提醒、互相督促。同时要求抢修人员在抢修时尽可能避免人体直接接触带电体。

第七章

班 组 安 全 管 理

第一节 班 组 安 全 责 任

（1）贯彻落实"安全第一、预防为主、综合治理"的方针，按照"三级控制"制定本班组年度安全生产目标及保证措施，布置落实安全生产工作，并予以贯彻实施。

（2）执行各项安全工作规程，开展作业现场危险点预控工作，执行"两票三制"。执行检修规程及工艺要求，确保生产现场的安全，保证生产活动中人员与设备的安全。

（3）做好班组管理，做到工作有标准，岗位责任制完善并落实，设备台账齐全，记录完整。制定本班组年度安全培训计划，做好新入职人员、变换岗位人员的安全教育培训和考试。

（4）开展定期安全检查、隐患排查、安全生产月和专项安全检查等活动，积极参加上级组织的各类安全分析会议、安全大检查活动。

（5）开展班前会、班后会，做好出工前"三交三查"工作，主动汇报安全生产情况。

（6）每月定期开展安全生产月度例会，综合分析安全生产形势和管理上存在的薄弱环节，提出防范对策；针对有关安全事故（事件）组织开展分析会，查找事故（事件）原因，制定并落实反事故措施。

（7）组织开展每周（或每个轮值）一次的安全日活动，结合工作实际开展经常性、多样性、行之有效的安全教育活动。

（8）结合安全性评价结果，组织编制班组的年度"两措"计划，经审批后组织实施。

（9）建立有系统、分层次、分工明确、相互协调的事故应急处理体系，并参加上级单位组织的反事故演习。

（10）开展班组现场安全稽查和自查自纠工作，制止人员的违章行为。

（11）定期组织开展对安全工器具及劳动保护用品的检查，对发现的问题及时处理和上报，确保作业人员工器具及防护用品符合国家、行业或地方标准要求。

（12）执行安全生产规章制度和操作规程。执行现场作业标准化，正确使用标准化作业程序卡，参加检修、施工等工作项目的安全技术措施审查，确保所辖设备检修、大修、业扩等工程的施工安全。

（13）加强对所辖设备（设施）的管理，组织开展电力设施的安装验收、巡视检查和维护检修，保证设备安全运行。定期开展对设备（设施）的质量监督及运行评价、分析，提出更新改造方案和计划。

（14）执行电力安全事故（事件）报告制度，及时汇报安全事故（事件），保证汇报内容准确、完整，做好事故现场保护，配合开展事故调查工作。

（15）开展技术革新、合理化建议等活动，参加安全劳动竞赛和技术比武，促进安全生产。

第二节　班组安全管理日常实务

各基层班组应加强班组安全管理，切实把安全生产责任制、安全生产标准化管理、安全教育培训等工作落实到班组，引导班组员工牢固树立安全生产发展观，将安全生产各项要求落在实处，具体日常实务如下。

一、班组安全活动

（一）班组安全活动角色分配

（1）每个活动单元按照主持人、记录员、评论员进行分工，除评论员外，其余人员均可兼任。每次活动根据实际情况选择是否设置评论员。

（2）主持人一般由班组长担任，负责活动策划准备，主持讨论，督促全员发言，控制活动进程。

（3）评论员一般由班组上一级管理人员担任，负责对活动流程、活动效果进行点评。当活动现场无上一级管理人员时，班组可将现场录像发给上一级管理人员，由上一级管理人员进行点评。

（二）班组安全活动步骤

班组安全活动的具体步骤是：策划准备→活动发起→风险辨识→制定对策→强化记忆。

1. 策划准备

（1）主持人提前根据近期主要工作任务、安全学习文件、班组安全管理问题等确定活动主题。班组成员提前学习活动主题相关资料，掌握各项危险因素和预控措施。

（2）提前确定活动场地，划分活动角色，并做好材料、器具等各项准备。

（3）活动发起前，班组长组织全体成员共同学习上级安全文件、安全事故通报等，传达上级会议指示精神，对其中的关键知识进行普及、强化，集中学习所涉及的安全规程、安全规章制度，并签字留痕。

2. 活动发起

（1）班组成员全员有序列队。

（2）整理着装，检查衣着是否符合规范，是否穿戴整齐。

（3）班组成员依次报数。

（4）关注班组成员身体状况和精神状态是否出现异常迹象。

3. 风险辨识

（1）确认风险辨识对象。

（2）班组成员以"因为……所以可能……，危险！"句式进行手指口述，提出危险因素，记录员记录。

（3）主持人进行补充完善。

（4）记录员对危险因素依次进行编号，主持人组织所有班组成员对危险因素进行举手表决，确定关键危险因素。

4. 制定对策

（1）班组成员依次对前面确定的关键危险因素提出预控措施。

（2）记录员将每个班组成员提出的预控措施记录在看板上并编号。

（3）主持人进行补充完善。

（4）相互进行补充和举手表决确定最有效预控措施。

（5）手指看板或图片中危险因素的地方复述最有效预控措施。

5. 强化记忆

（1）主持人总结出当天的行动目标。

（2）全员站立，采用统一手指展板上行动目标或围成圈（手叠手、手拉手）大声喊行动目标三遍。

（三）班组安全活动其他要求

（1）班组安全活动每周开展一次，根据上级文件要求和本单位实际应增开安全活动。活动五个环节时间为 15～30min（不包含集中学习、讨论环节时间）。

（2）班组安全活动全体成员参加。因故不能参加者，应在回班组后一周内补课并做好记录。

（3）班组安全活动可使用手持终端、看板、大屏展示作为活动载体，以提高活动效率、增强活动效果。

（4）班组安全活动通过录像形式记录并由班组保存，保存时间为一年。

二、两票管理

（1）班组每月一次对操作票和工作票进行分析、评价和考核，并加盖"合格"或"不合格"章，对不合格的工作票要注明原因。每月公布工作票的检查、考核情况。

（2）班组成员需参加单位组织的"两票"知识调考。

三、安全教育培训

（1）班组要落实上级安全教育培训有关制度和要求：

1）组织开展安全教育培训和考试；

2）建立健全个人安全教育培训档案，如实记录安全教育培训时间、内容、参加人员及考试考核结果等。

（2）班组长、安全员、技术员每年接受安全教育培训，主要包括以下内容：

1）安全生产法规规章、制度标准、操作规程；

2）安全防护用品、作业机具、工器具使用与管理；

3）作业场所和工作岗位存在的危险因素、防范措施以及事故应急措施；

4）作业标准化安全管控相关知识；

5）工作票（作业票）、操作票管理要求及填写规范；

6）安全隐患排查治理、违章查纠等相关知识；

7）现场应急处置方案相关要求；

8）有关的典型事故案例；

9）其他需要培训的内容。

（3）在岗生产人员每年接受安全教育培训，主要包括以下内容：

1）安全生产规章制度和岗位安全规程；

2）新工艺、新技术、新材料、新设备安全技术特性及安全防护措施；

3）安全设备设施、安全工器具、个人防护用品的使用和维护；

4）作业场所和工作岗位存在的危险因素、防范措施以及事故应急措施；

5）典型违章、安全隐患排查治理、事故案例；

6）职业健康危害与防治；

7）其他需要培训的内容。

（4）新上岗（转岗）人员应根据工作性质对其进行岗前安全教育培训，保证其具备岗位安全操作、紧急救护、应急处理等知识和技能，主要包括以下内容：

1）安全生产规章制度和岗位安全规程；

2）所从事工种可能遭受的职业伤害和伤亡事故；

3）所从事工种的安全职责、操作技能及强制性标准；

4）工作环境、作业场所和工作岗位存在的危险因素、防范措施以及事故应急措施；

5）自救互救、急救方法、疏散和现场紧急情况处理；

6）安全设备设施、安全工器具、个人防护用品的使用和维护；

7）典型违章、有关事故案例；

8）安全文明生产知识；

9）其他需要培训的内容。

（5）工作票（作业票）签发人、工作许可人、工作负责人（专责监护人）、倒闸操作人、操作监护人等每年应进行专项培训，并经考试合格、书面公布。主要包括以下内容：

1）安全工作规程、现场运行规程和调度、监控运行规程等；

2）工作票（作业票）、操作票管理要求及填写规范；

3）作业场所和工作岗位存在的危险因素、防范措施以及事故应急措施；

4）作业标准化安全管控相关知识；

5）典型违章、安全隐患排查治理、违章查纠等相关知识；

6）其他需要培训的内容。

（6）特种作业人员必须按照国家规定的培训大纲，接受与本工种相适应的、专门的安全技术培训，经考核合格取得特种作业操作证，并经单位书面批准方可参加相应的作业。离开特种作业岗位6个月的作业人员，应重新进行实际操作考试，经确认合格后方可上岗作业。

四、安全生产责任制

（1）行政正职是本单位的安全第一责任人，对本单位安全工作和安全目标负全面责任。行政副职对分管工作范围内的安全工作负领导责任，向行政正职负责。实行下级对上级的安全逐级负责制。

（2）安全生产目标自上而下逐级分解，组织制定实现年度安全目标计划的具体措施，层层落实安全责任，确保安全目标的实现。

（3）班组及岗位安全责任清单应进行长期公示；将安全责任清单的学习纳入安全教育培训计划；每名员工应掌握本岗位安全责任清单，熟悉所在组织的安全责任清单；班组长、管理人员还应了解所在组织各岗位和下级组织的安全责任清单；安全责任清单内容应纳入安全考试范畴；班组及各岗位应对照安全责任清单，逐条落实安全职责和履责要求，做到安全工作与业务工作同时计划、同时布置、同时检查、同时总结、同时考核。

五、安全工器具管理

班组应根据工作实际，提出安全工器具添置、更新需求；建立安全工器具管理台账，做到账、卡、物相符，试验报告、检查记录齐全；组织开展班组安全工器具培训，严格执行操作规定，正确使用安全工器具，严禁使用不合格或超试验周期的安全工器具；安排专人做好班组安全工器具日常维护、保养及定期送检工作。

六、"两措"管理

"两措"计划下达后，班组根据"两措"计划内容，组织制定和实施本班组年度"两措"计划，每月开展一次检查，将完成情况报主管部门。

七、隐患管理

班组要结合设备运维、监测、试验或检修、施工等日常工作排查安全隐患；

根据上级安排开展专项安全隐患排查和治理工作；负责职责范围内安全隐患的上报、管控和治理工作。

八、季节性安全检查

（1）由班组长组织进行，安全员应积极协助，发动全体班组成员，开展自查活动。

（2）对于上级制定的检查重点和检查项目（表），班组可根据实际情况补充相应的重点内容，再进行自查、整改、总结并报上级部门。

（3）安全检查时应做好记录，保留现场证据，并及时跟踪整改完成情况；对暂时无法解决的问题或事故隐患应落实防范控制措施。

九、反违章管理

（1）班组长及管理人员应带头遵守安全生产规章制度，积极参与反违章，按照"谁主管、谁负责"原则，组织开展分管范围内的反违章工作，督促落实反违章工作要求。

（2）班组应严格落实反违章工作要求，防范并严肃查处各类违章。

（3）充分调动基层班组和一线员工的积极性、主动性，紧密结合生产实际，鼓励员工自主发现违章，自觉纠正违章，相互监督整改违章。

附录A 现场标准化作业指导书（卡）范例

10kV××线吊车立杆作业指导书范本

1. 吊车立杆作业

1.1 范围

本作业要求适用于吊车立杆作业。

1.2 准备工作

1.2.1 现场勘察

根据工作任务组织现场勘察，确定作业需要停电的范围、保留的带电部分和作业现场的条件、环境，确定作业方案、作业步骤及存在的危险点等。

1.2.2 杆洞检查

a. 杆塔基础坑深度的允许偏差为 $-50\sim+100$mm，有底盘时，应加上底盘厚度。

b. 直线杆的横向线路方向移位不应超过 50mm；转角杆、分支杆的横线路、顺线路方向的位移均不超过 50mm。

c. 双杆基坑根开的中心偏差，不应超过 ±30mm。

1.2.3 电杆检查

a. 非预应力杆无纵向裂缝，横向裂缝的宽度不应超过 0.1mm，长度不应超过 1/3 周长。

b. 预应力杆表面光洁平整，壁厚均匀，无露筋、跑浆、纵横向裂纹等现象。

c. 电杆 3m 线、厂标、出厂日期、抗弯矩、杆长、梢径等标志完好。

d. 杆梢应封堵。

1.2.4 组织现场作业人员学习作业卡

掌握整个操作程序，理解工作任务、质量标准及操作中的危险点及控制措施。

1.2.5 工作前"三交三查"

1.3 人员要求及注意事项

a. 作业人员精神状态良好，严禁使用老弱病残及未成年的民工。

b. 具备必要的电气知识，并经《安规》考试合格。

c. 进入作业现场，应穿合格的工作服、绝缘鞋，戴安全帽。

d. 必须知道作业地点、作业任务、施工设备周围的带电情况。

e. 作业中互相关心施工安全，及时纠正不安全的行为。

f. 技工不少于 3 人。

g. 吊车操作人员应有相应的吊车操作证。

1.4 工器具和材料准备

根据实际需要准备必要的工器具和设备材料，如吊车、固定吊点钢丝绳、吊车方木垫板、大小钢丝绳、大小卸克、白棕绳、挖勺、铁钎、钢钎、锄头、铁铲、电杆、角铁横担、单面顶头抱箍、U 形抱箍、棒形绝缘子等。

1.5 资料准备

吊车立杆作业卡、施工图纸。

1.6 基本危险点及安全控制措施

1.6.1 防倒杆

a. 应设有专人统一指挥，统一信号，明确分工，并讲明施工方法，明确各岗位职责，技工岗位不得用民工代替。

b. 要使用合格的起重工器具，严禁超载使用。钢丝绳套严禁以小代大使用。

c. 起吊钢丝绳应绑在电杆适当的位置，防止电杆突然倾倒。

d. 已经立起的电杆，只有在杆基回土夯实牢固后，方可去除吊钩。

e. 吊车支脚固定牢固，起吊时支脚不应浮起。

1.6.2 防高处坠落

a. 高处作业应使用安全带，戴安全帽。

b. 在杆上转移作业位置时，不得失去安全带的保护。

c. 电杆上有人工作时，不得调整或拆除拉线。

d. 已经立起的电杆只有在杆基回填土全部夯实，或有可靠的临时固定措施后，方可上杆。

1.6.3 防高处坠物伤人

a. 现场人员必须戴好安全帽。

b. 电杆上作业为防止落物，使用的工器具、材料等应放在工具袋内，工器具的传递要使用传递绳。

c. 施工现场除必要的工作人员外，其他人员应远离杆高的 1.2 倍距离以外，吊件的垂直下方、受力钢丝绳的内角侧严禁有人。

1.6.4　防砸伤

修坑时，应有防止杆身滚动、倾斜的措施。

1.6.5　防伤害外来人员

a. 在居民区和交通道路附近作业时，应具备相应的交通组织措施，并设围栏和警告标志，注意来往车辆，必要时派专人看守。

b. 除指挥人员和指定人员外，其他人员应远离杆高的 1.2 倍距离以外。

1.6.6　防触电

邻近带电线路的施工现场，工作负责人必须向起重司机交待清楚，起吊过程中电杆、吊臂等与带电导线应保持必要的安全距离，并遵守相关的安全注意事项等。

1.7　作业步骤和安全注意事项

作业步骤和安全注意事项按表 1 执行。

表 1　　　　　　　　　吊车立杆作业步骤和安全注意事项表

作业内容	作业步骤	安全措施及注意事项
现场交底	工作负责人交待工作任务、安全措施、注意事项	任务明确，交待危险点和详细的安全措施，现场安全措施必须完备
基础检查	检查杆洞情况	杆洞深必须满足设计要求，满足线路通道走向
吊车就位	（1）吊钩与杆坑成一直线。 （2）吊车停稳后，放下两侧支脚。支脚垫方木垫板	如在斜坡上立杆，吊车应在上坡方向停稳，前后轮应有安全止档装置
电杆就位	将电杆移至杆坑附近，使电杆重心在立杆位置	（1）钢丝绳、套、环连接使用时应使用相应的卸克连接，严禁采用硬连接。 （2）吊点选择应正确，吊点合力的作用点应为电杆重心高度的 1.1～1.5 倍。 （3）杆头宜绑两根棕绳，左右分开，防止电杆旋转
起吊立杆	（1）司机操作吊臂起吊电杆，使电杆完全离地。 （2）检查各受力部位，无异常情况后方可正式起吊。如需要，可按规定尺寸安装横担。 （3）由两人扶持电杆根部，以免电杆起吊时摇摆。 （4）由两人扶持电杆根部，对准电杆坑，缓缓放下电杆	（1）要使用合格的起重工器具，严禁超载使用。 （2）起吊钢丝绳应绑在电杆适当的位置，防止电杆突然倾倒

续表

作业内容	作业步骤	安全措施及注意事项
校正电杆，回填土夯实杆基	（1）回填土每升高 500mm，夯实 1 次，回填土高出地面 300mm。 （2）电杆根部中心与线路中心线的横向位移应小于等于 50mm。 （3）直线杆的倾斜不应大于梢径的 1/2；转角、耐张杆应向外角预偏不大于 1 个梢径	回填土应在 2/3 以上，才能利用吊车来校正电杆
收回吊车	（1）操作吊臂放松挂钩、绳套。 （2）拆除挂钩、绳套。 （3）收回吊臂、支脚	立好的电杆应检查杆洞是否填满，并在杆基回填土全部夯实后，方可撤去钢丝绳套和头部拉绳

附录 B 现场应急处置方案范例

【方案一】高处坠落应急处置方案

一、工作场所

××供电公司配电高处作业现场。

二、事件特征

作业人员在高处作业时，从高处坠落至地面、高处平台或悬挂空中，造成人身伤害。

三、现场人员应急职责

1. 现场负责人

（1）组织救助伤员。

（2）汇报事件情况。

2. 现场其他人员

救助伤员。

四、现场应急处置

1. 现场应具备的条件

（1）通信工具及上级、急救部门的电话号码。

（2）急救箱及药品。

（3）夜间应有照明工具。

2. 现场应急处置程序及措施

（1）作业人员坠落至高处或悬挂在高处时，现场人员应立即使用绳索或其他工具将坠落者解救至地面进行检查、救治；如果暂时无法将坠落者解救至地面，应采取措施防止其脱出坠落。

（2）对于坠落地面的人员，现场人员应根据伤者情况采取止血、固定、心肺复苏等相应的急救措施。

（3）送伤员到医院救治或拨打 120 急救电话求救。

（4）向上级汇报高处坠落人员受伤及救治等情况。

五、联系方式

（1）120 急救电话。

（2）专业部门安全员电话。

（3）专业部门分管领导电话。

（4）专业部门领导电话。

六、注意事项

（1）对于坠落昏迷者，应采取按压人中、虎口或呼叫等措施使其保持清醒状态。

（2）解救高处伤员的过程中要不断与之交流，询问伤情，防止昏迷，并对骨折部位采取固定措施。

【方案二】人身触电应急处置方案

一、工作场所

××供电公司配电生产作业现场。

二、事件特征

作业人员在电压等级 1000V 及以上的设备上工作，发生触电，造成人员伤亡。

三、现场人员应急职责

（1）现场抢救触电人员。

（2）汇报触电事故情况。

四、现场应急处置

1. 现场应具备的条件

（1）通信工具及上级、急救部门电话号码。

（2）电工工器具、绝缘鞋、绝缘手套等安全工器具。

（3）急救箱及药品。

（4）夜间应有照明工具。

2. 现场应急处置程序及措施

（1）现场人员应立即使触电人员脱离电源：①立即通知有关供电单位（值班调控人员或运维人员）或用户停电；②戴上绝缘手套，穿上绝缘靴，用相应电压等级的绝缘工具按顺序拉开电源开关、熔断器或将带电体移开；③采取相关措施使保护装置动作，断开电源。

（2）如触电人员悬挂高处，现场人员应尽快将其解救至地面。如暂时不能解救至地面，应采取相关防坠落措施，并向消防部门求救。

（3）根据触电人员受伤情况，采取止血、固定、人工呼吸、心肺复苏等相应急救措施。

（4）如触电者衣服被电弧光引燃时，应利用衣服、湿毛巾等迅速扑灭其身上的火源，着火者切忌跑动，必要时可就地躺下翻滚，使火扑灭。

（5）现场人员将触电人员送往医院救治或拨打 120 急救电话求救。

（6）向上级汇报触电人员受伤及抢救等情况。

五、联系方式

（1）120 急救电话。

（2）值班调控人员和运维人员电话。

（3）专业部门安全员电话。

（4）专业部门分管领导电话。

（5）专业部门领导电话。

六、注意事项

（1）严禁直接用手、金属及潮湿的物体接触触电人员。

（2）救护人在救护过程中要注意自身和被救者与附近带电体之间的安全距离（高压设备接地时，室内安全距离为 4m，室外安全距离为 8m），防止再次触及带电设备或跨步电压触电。

（3）一定要呼叫其他人来帮忙，协助心肺复苏和呼叫帮助。

（4）在医务人员未接替救治前，不应放弃现场抢救。

【方案三】物体打击应急处置方案

一、工作场所

××供电公司配电生产、基建作业现场。

二、事件特征

生产、基建作业现场发生倒杆塔、断线、高处落物、杆塔失控、导线失控事件，造成人员伤亡和设施损坏。

三、岗位应急职责

1. 工作负责人

（1）指挥现场应急处置工作。

（2）组织抢救伤员。

（3）拨打 120 急救电话向医疗机构求助。

（4）向专业部门分管领导汇报。

2．工作班人员

（1）协助工作负责人开展现场处置。

（2）抢救伤员，保护现场。

四、现场应急处置

1．现场应具备的条件

（1）具备通信工具及有关通讯录。

（2）急救箱及药品。

（3）应急照明器具。

（4）作业使用的工器具。

2．现场应急处置程序

（1）立即对伤员进行施救。

（2）查看和了解现场情况。

（3）根据现场情况拨打报警电话。

（4）将事件信息报告专业部门分管领导。

3．现场应急处置措施

（1）受伤人员在高处或悬挂在高处时，尽快使用绳索或其他工具将伤者营救至地面，然后根据伤情进行现场抢救。

（2）一般伤口的处置急救措施。

1）伤口渗血，用比伤口稍大的消毒纱布数层覆盖伤口，然后进行包扎。若包扎后仍有较多渗血，则可再加绷带适当加压止血。

2）伤口出血呈喷射状或鲜红血液涌出时，立即用清洁手指压迫出血点上方（近心端），使血流中断，并将出血肢体抬高或举高，以减少出血量。

3）用止血带或弹性较好的布带等止血时，应先用柔软布片或伤员的衣袖等数层垫在止血带下面，再扎紧止血带以刚使肢端动脉搏动消失为度。上肢每60min、下肢每 80min 放松一次，每次放松 1～2min。开始扎紧与每次放松的时间均应书面标示在止血带旁。扎紧时间不宜超过 4h。不要在上臂中 1/3 处和腋下使用止血带，以免损伤神经。若放松时观察已无大出血，可暂停使用止血带。

4）高处坠落、撞击、挤压可能有胸腹内脏破裂出血，受伤者外观无出血但常表现出面色苍白，脉搏细弱，气促，冷汗淋漓，四肢厥冷，烦躁不安，甚至神志不清等休克状态，应迅速躺平，抬高下肢，保持温暖，速送医院救治。若送院途中时间较长，可给伤员饮用少量糖盐水。

（3）骨折的急救措施。

1）对清醒伤员应询问其自我感觉情况及疼痛部位，切勿随意搬动伤员。在检查时，切忌让患者坐起或使其身体扭曲，也不能让伤员做身体各个方向的活动。

2）对有脊椎骨折移位导致出现脊髓受压症状的伤员，如伤员不在危险区域，暂无生命危险的，则最好等待医务急救人员进行搬运。

3）对有手足大骨骨折的伤员，不要盲目搬动，应先在骨折部位用木板条或竹板片（竹棍甚至钢筋条）于骨折位置的上、下关节处作临时固定，使断端不再移位或刺伤肌肉、神经或血管，然后立即拨打120急救电话送往医院接受救治。

4）如有骨折断端外露在皮肤外的，切勿强行将骨折断端按压进皮肤下面，只能用干净的纱布覆盖好伤口，固定好骨折上、下关节部位，然后拨打120急救电话等待救援。

（4）颅脑外伤的急救措施。

1）颅脑损伤的病员若昏迷，则首先必须维持呼吸道通畅。昏迷伤员应用侧卧位或仰卧偏头，以防舌根下坠或分泌物、呕吐物吸入气管，发生气道阻塞。对烦躁不安者可因地制宜的予以手足约束，以防止伤及开放伤口。

2）对于有颅骨凹陷性骨折的伤员，创伤处应用消毒的纱布覆盖伤口，用绷带或布条包扎，并立即拨打120急救电话送往医院接受救治。

（5）拨打120急救电话时，应说清楚事件发生的具体地址和伤员情况，安排人员接应救护车，以保证抢救及时。

（6）及时向专业领导汇报人员受伤抢救的情况。

（7）协助专业救护人员进行现场救治，安排人员陪同前往医院抢救。

五、联系方式

（1）120急救电话。

（2）专业部门安全员电话。

（3）专业部门分管领导电话。

（4）专业部门领导电话。

六、注意事项

（1）对在高处或悬挂在高处的受伤人员，在施救过程中要防止被救和施救人员出现高坠。

（2）严禁用电线、铁丝、细绳等作止血带使用。

（3）在伤员救治和转移过程中，应防止加重伤情。

（4）在医务人员未接替救治前，不应放弃现场抢救。

（5）施救过程中，应尽可能保护好现场。

【方案四】工作人员应对动物（犬）袭击事件现场应急处置方案

一、工作场所

××供电公司配电外出作业过程中。

二、事件特征

工作人员在外出作业过程中，遭遇动物（犬）袭击。

三、现场人员应急职责

（1）现场自救。

（2）汇报事件情况。

四、现场应急处置

1. 现场应具备的条件

（1）棍棒或棒状工具。

（2）通信工具及上级、急救部门电话号码。

（3）急救药品。

2. 现场应急处置程序及措施

（1）不要慌张，大声呼救，可脱下衣物吸引恶犬注意或干扰其视野，另一手使用棍棒状工具或砖石块驱赶袭击动物（犬）。

（2）犬咬伤后应立即用浓肥皂水或清水冲洗伤口至少 15min，同时用挤压法自上而下将残留在伤口内的唾液挤出，然后再用碘酒涂搽伤口。

（3）少量出血时，不要急于止血，也不要包扎或缝合伤口。

（4）尽量设法查明该犬是否为疯狗，对医院制订治疗计划有较大帮助。

（5）送伤员到医院救治或拨打 120 急救电话求救。单人巡视时应向路人求助或自行拨打 120 求救，并汇报上级求援。

（6）向上级汇报人员受伤及救治等情况。

五、联系方式

（1）120 急救电话。

（2）专业部门安全员电话。

（3）专业部门分管领导电话。

（4）专业部门领导电话。

六、注意事项

（1）驱赶袭击动物（犬）的过程中，应沉着冷静，做好自我防护，防止受到伤害。

（2）被动物（犬）咬伤后应尽早注射狂犬疫苗。